大气人生

刘建华　编著

吉林文史出版社
JILIN WENSHI CHUBANSHE

图书在版编目（CIP）数据

大气人生 / 刘建华编著. -- 长春 ：吉林文史出版
社，2019.9（2021.9重印）
　ISBN 978-7-5472-6463-8

　Ⅰ．①大… Ⅱ．①刘… Ⅲ．①成功心理－通俗读物
Ⅳ.①B848.4-49

中国版本图书馆CIP数据核字(2019)第153409号

大气人生
DAQI RENSHENG

编　　著　刘建华
责任编辑　王丽环
封面设计　韩立强
出版发行　吉林文史出版社有限责任公司
地　　址　长春市净月区福祉大路5788号
网　　址　www.jlws.com.cn
印　　刷　天津海德伟业印务有限公司
版　　次　2019年9月第1版　2021年9月第2次印刷
开　　本　880mm×1230mm　　1/32
字　　数　145千
印　　张　6
书　　号　ISBN 978-7-5472-6463-8
定　　价　32.00元

前 言

大鹏一日同风起，扶摇直上九万里。古今中外，许多仁人志士一生活得潇洒，活得大气。

大气始于志气。清末重臣李鸿章在 23 岁时曾作言志诗："丈夫只手把吴钩，意气高于万丈楼；一万年来谁著史，三千里外觅封侯。"而和他同一个时代的重臣左宗棠，在 24 岁时作有一副言志对联："身无半亩，心忧天下；读破万卷，神交古人。"李鸿章立志做大官（觅封侯），终平步青云、爵位显赫；左宗棠立志做大事（忧天下），终平叛定乱、战功显赫。不同境界的志向，造就了不同的人生。有心成为大气的人，志当存高远，宜立做大事之志而莫立做大官之志。

一个真正有追求有志向的人不都是经历了无数次的拼搏才取得成就的吗？既然是水，就应该有波浪；既然是土，就应该垒成大山。在人生旅途中，只有用自己坚实的身躯去拼搏去奋斗，才可能有成功的机会。老子在《道德经》中有云："知人者智，自知者明；胜人者有力，自胜者强。"意思是：了解别人是智慧，了解自己是圣明；战胜别人是有力量，战胜自己才是强大。一个能够战胜自我的人，没有什么是不能战胜的。只有"自胜者"，才是真正的大气的人。大气的人所面临的最大敌人不是命运，不是他人，而是自己。在成为大气的人的路上，倒下了不少聪明绝顶的人、能力超群的人，他们最后没有成功，只源于他们不能战胜自己内心的欲念。

　　"他日若遂凌云志，敢笑黄巢不丈夫。"人生在世，当有一种"舍我其谁"的大气，如此人生才显洒脱，世界才见灵动，大气为人，平添一成傲骨，三分自信，方可在荆棘路上勇往直前，笑看人生。

目 录

第一章 大气人生需要雄心壮志

理想为人生指明方向 …………………………………… 2

立身处世，当顶天立地 ………………………………… 4

设定目标，合理规划 …………………………………… 7

发掘自己的特长 ………………………………………… 11

设定目标要力所能及 …………………………………… 13

第二章 深谋远虑成就大气人生

不要局限眼前的利益 …………………………………… 16

凡事考虑周到 …………………………………………… 18

精于谋势，方能谋事 …………………………………… 22

谋求最佳的综合优势 …………………………………… 24

有势乘势，无势造势 …………………………………… 26

聪明的人懂得顺应大势 ………………………………… 28

第三章 大气如水，随圆就方

刚柔互用，处世方圆 …………………………………… 32

霸气的人能够控制情绪 ………………………………… 35

不较真儿是一种智慧 …………………………………… 38

掌握说话的艺术 ……………………………… 40

接纳他人的批评建议 ………………………… 44

让他三分又何妨 ……………………………… 47

第四章　沉着冷静，见招拆招

变则通，通则久 ……………………………… 50

迂回前进为大智 ……………………………… 52

此路不通彼路通 ……………………………… 55

打破常规，不拘小节 ………………………… 60

临危不乱，正确决策 ………………………… 63

居安思危，不要懈怠 ………………………… 67

第五章　直面人生的挫折与失败

勇于承担责任 ………………………………… 70

从失败中吸取教训 …………………………… 74

屡败屡战，霸气人生 ………………………… 78

身处绝境，破釜沉舟 ………………………… 81

不要畏惧风险 ………………………………… 87

第六章　不断学习，不断突破

不甘落后，与时俱进 ………………………… 92

活到老，学到老 ……………………………… 95

人生处处有知识 ……………………………… 97

以成功人士为榜样 …………………………… 99

失败是成功之母 …………………………… 101

培养跨行业学习能力 ……………………… 103

一边学习，一边创造 ……………………… 105

第七章　君子坦荡，以德服人

诚信是立身之本 ·· 110

一身正气，顶天立地 ·· 113

要有容人之量 ·· 117

虚怀若谷，学会谦逊 ·· 121

淡泊心性，理性对待得失 ·· 125

第八章　良好心态成就大气人生

做一个自信的人 ·· 128

直面恐惧，迎接挑战 ·· 131

永远不要颓废 ·· 133

借助理想，充实人生 ·· 137

永远不要丧失激情 ·· 138

快乐人生，肆意潇洒 ·· 144

第九章　高调做事，低调做人

长长他人的志气 ·· 146

大智若愚才是真正的智者 ·· 148

做事要量力而行 ·· 152

韬光养晦的妙招 ·· 156

善用拟态保护 ·· 159

抓住时机，一击必中 ·· 162

第十章　胜人有力，自胜者强

淡泊名利，享受生活 ·· 168

死要面子只会活受罪 ·· 172

绝不因为挫折而放弃行动 …………………………… 174

慎独是一种修养 …………………………………………… 178

自负不等于霸气 …………………………………………… 181

第一章　大气人生需要雄心壮志

不管栖身何处，人皆应有鸿鹄之志。

有志者，事竟成，破釜沉舟，百二秦关终属楚——项羽胸怀大志，终于将咸阳踩在脚下，笑看秦王朝灰飞烟灭。

"丈夫只手把吴钩，意气高于万丈楼；一万年来谁著史，三千里外觅封侯。"这是清末重臣李鸿章在 23 岁时写下的言志诗，将其封侯的志向尽显无余。同一时代的重臣左宗棠在 24 岁时所作的言志对联"身无半亩，心忧天下；读破万卷，神交古人"。一个立志做大官——"觅封侯"，一个立志做大事——"忧天下"，不同境界的志向，也就造就了他们不同的人生境界。

理想为人生指明方向

"志向"与"理想"是一个老生常谈的话题。或许是因为从小讨论太多，或许是因为理想与实际之间的差距太大，长大后我们对这个话题似乎没有多大的兴趣。

因此，在现实生活中，随处都可以看到这样一些人，他们只是毫无目标地随波逐流，既没有固定的方向，也不知道停靠在何方，他们在浑浑噩噩中虚度了宝贵的光阴，荒废了青春的岁月。这些人连他自己也不知道到底要去做什么，只是漫无目的地等待机会，希望以此来改变生活。

然而，自己都不知道往哪里去，又如何能找到该去的地方？

西晋文学家左思，幼时智商愚钝，口齿不清，没有一丝才气。少年时读张衡的《两京赋》，受到了很大的震动，决心将来撰写一篇与之齐名的《三都赋》。大文学家陆机听了不禁抚掌而笑，认为像左思这样的粗俗之人，居然想作与《两京赋》齐名的鸿篇巨著，简直是笑话。即使费力写成，肯定只配用来盖酒坛子而已。面对这样的羞辱，左思矢志不移。他听说著作郎张载曾游历岷、邛（今四川），就多次登门求教，以便熟悉当地的山川、物产、风俗，并广泛查询了解，大量搜集资料，然后专心致志，奋力写作。在他的房间里，篱笆旁，厕所里到处放着纸笔，只要想起好的词句，就随手记录下来，并反复修改。左思整整花费了十年心血，终于完成了《三都赋》。《三都赋》流传到京城洛阳，居然使京城的纸猛然贵了好几倍——这就是"洛阳纸贵"的典故。陆机阅后，佩服得五体投地，甘拜下风。

明代旅游客徐霞客，幼年便勤奋好学，博览图经地志。由于明末政治黑暗，他不去做官，立志当一个旅行家。从 22 岁开始出游，前后经过 32 年，徐霞客的足迹北至燕晋，南达云贵和两广，名山大川几乎没有没到过的。在游历之时，他尝尽了千辛万苦。星月之下，他露宿过；严寒酷暑，他都未间断过；忍饥挨饿的境况，他常碰到。他常常拿着一根几尺长的棍子，去登山，去探寻险境。城墙边，枯树下，点燃篝火，借着火光写他的游记。终于经过数十年的努力，他以惊人的毅力，写出了千古奇书《徐霞客游记》。

布特列洛夫（俄国著名化学家，1928～1986），少年时代在学校读书时就对化学特别爱好，经常私自在宿舍里动手做实验。有一次，在实验的过程中发生爆炸，严厉的学监把他关进了禁闭室，还在他胸前挂了一块牌子，上面写着："伟大的化学家。"讥讽和惩罚反而坚定了布特列洛夫从事化学研究的伟大志向。经过不断的探索和努力，他终于在 33 岁的时候，提出了有机化合物的结构问题的创见，被人们誉为"伟大的化学家"。他终于可以骄傲地说："这个称号在 20 年前是对我的惩罚，现在却实现了。"

成为霸气的人的基本前提是要有一颗霸气的人的雄心与决心。心有多大，事业才有多大。一份能够称之为"事业"的事，绝非糊里糊涂就能成就的。

立身处世，当顶天立地

霸气的人之所以能名垂青史，是因为他们考虑问题时能站在一定的高度，所做的事情能泽被万代，能够经得起历史的检验。

我国古代春秋时期的著名教育家孔子，从小就树立了远大的志向。他长大以后，曾经做过管理仓库的"委吏"和管理牧场牲畜的"乘田"，这在当时都是很卑微的职位，但是他仍旧做得很有成绩，受到鲁国权臣季氏的赏识，从此踏入士大夫阶层。

当时，周天子的地位已经衰微，诸侯之间一心想着征伐对方，天下"礼坏乐崩"。孔子看到这一切，决定用自己的思想和力量去改变这个世道，建设一个天下统一、充满仁爱的，用"仁""礼"法维持的有序的社会。在他五十岁的时候，当上了鲁国的中都宰，这使他有机会实施自己的救世主张。他任中都宰（相当于现在的市长）仅仅一年，就把中都治理得井井有条，四方的官吏都争相去向他学习。鲁国的国君了解到孔子的政绩，升他为大司寇（相当于现在的外交部部长）并代行国相（相当于总理）的职务，参与治国理政。在孔子参与治国理政仅三个月，鲁国就发生了很大的变化，商人们不再哄抬物价，全国百姓各守礼法，社会秩序安定。在此期间，孔子还为鲁国做了两件大事：一是他在齐、鲁两国国君会盟的时候，运用自己的智慧和口才使强大的齐国归还了侵占鲁国的领土；二是他下令拆毁了鲁国三大权臣之中的季氏和叔孙氏的城池，使鲁国国君的地位得到了强化。虽然孔子参与国政的时间很短，但是他"为政以德"的思想得到了广泛的运用，而且成效显著。

这时，齐国看到鲁国发展得越来越好，害怕鲁国的壮大对自己不利，就向鲁国国君进献了大量的美女和歌妓。鲁王被美女和歌妓所迷惑，从此无心朝政。孔子看到这些，觉得自己的理想在鲁国是无法实现了，于是就带着自己的学生，打算到其他诸侯国宣传自己的救世主张，希求继续得到其他诸侯的信任。

当时，各诸侯国几乎都是由权臣或大氏族执政，他们怕国君任用孔子抢了自己的威风，因而都极力排斥他。有的人又怕别的诸侯国任用孔子，对自己国家不利，于是加害他。孔子到了卫国，就有人带着手持利刃的官兵来威胁和恐吓他；孔子到宋国讲学，宋国权臣派人来暗杀他；孔子到了楚国，得到楚昭王的赏识，赐给他封地700里，却遭到令尹子西的反对。孔子还几次受到围攻，差点送了性命。虽然他冒着生命危险在各国之间奔波，受尽了磨难，但是他始终执着地坚持着自己的理想，一刻也没有改变过。有一次，孔子在陈国、蔡国之间遭到了两国大夫的围攻，他已经几天都没有吃东西了，一点儿力气都没有了，他的学生也因为疾病和饥饿都相继倒下了。孔子面对围攻依然弹瑟吟唱，没有一点儿沮丧泄气的样子。学生们看到老师身处逆境却仍旧乐观自若都非常佩服他，他们说：我们的老师理想高尚而远大，不为世人所理解，但是我们的老师仍然尽力去推行自己的理想，这是君子所为啊！

有些逃避乱世而隐居山林的人，自以为是看透了世间冷暖，就嘲笑孔子和他的救世思想，说他是在做无谓的努力，因为他的思想根本无法实现，他只能到处碰壁。还劝孔子的学生不要跟着孔子做傻事，不如也随他们归隐山林，等到太平盛事再出来。孔子对此不屑一顾，对学生们说："我们是不能与山林中的鸟兽为伍的。但是如果天下太平了，我就不会同你们一起去改变这个世道了。"

孔子在各国奔波，常常寄人篱下，连个落脚的地方都没有，处境十分艰难。他到了齐国后，齐景公打算赐给他田宅，可是孔子却拒不接受。他对学生们说："我的主张齐景公并不接受，但他却赏给我田宅，他真是太不了解我了。"孔子把为政以德视为最高理想追求，不为荣华富贵所动摇，离开齐国后他又回到了自己的家乡鲁国。孔子自从离开鲁国后，14 年没有回过故乡，自己的主张得不到诸侯的赞同，他就回到鲁国专门从事教育事业。他打破原有的贵族子弟才能读书的传统，提倡"有教无类"，在平民中招收学生，培养了许多有才华、有道德的学生。其中一些人被各诸侯所用，他们贯彻老师的思想，为挽救衰世而不断奋斗。在孔子死后，到了汉朝的时候，儒士董仲舒把孔子的思想加以改进使它更适合时代的需要，得到汉朝皇帝的认可，孔子的思想因此得到了发扬光大。

明清学者唐翼修说："一个人立身处世，当顶天立地，万物备于我。范仲淹还是秀才时便立志以天下为己任，这是有宰相的气象。设心行事，能利人利物，就是圣贤，就是豪杰。小志向岂能成大事？"人的志向小，眼光就短浅；眼光短浅，见识就不长远；见识不长远，气象就不辉煌。

设定目标，合理规划

"人生志向"与"人生目标"说的基本是一回事，都是对前途的一种憧憬，只不过"志向"略微抽象一些——如前面提及的李鸿章之"觅封侯"与左宗棠之"忧天下"，而"目标"则要求具体一些——如前面提及的左思决心写《三都赋》。

人们在生活中行色匆匆，却又不知道要去哪里。于是，在"河岸边"跑上跑下，又忙又累，终于碌碌无为，没有到达彼岸。

每个人看起来总是忙碌不堪，但是当被问到为何而忙时，大多数人除了一问三摇头之外，唯一可能的回答就是："瞎忙！"

法国科学家约翰·法伯曾做过一个著名的"毛毛虫实验"。这种毛毛虫有一种"跟随者"的习性，总是盲目地跟着前面的毛毛虫走。法伯把若干个毛毛虫放在一只花盆的边缘上，首尾相接，围成一圈；在花盆周围不到六英寸的地方，撒了一些毛毛虫喜欢吃的松针。毛毛虫开始一个跟一个，绕着花盆，一圈又一圈地走。一个小时过去了，一天过去了，毛毛虫们还在不停地、坚韧地转圈，一连走了7天7夜，终因饥饿和筋疲力尽而死去。这其中，只要任何一只毛毛虫稍稍与众不同，便立刻会过上更好的生活（吃松叶）。

人又何尝不是如此，随大流，绕圈子，瞎忙空耗，终其一生。一幕幕"悲剧"的根源，皆因缺乏自己的人生目标。

古希腊波得斯说："须有人生的目标，否则精力全属浪费。"

古罗马小塞涅卡说："有些人活着没有任何目标，他们在世间行走，就像河中的一棵小草，他们不是行走，而是随波逐流。"

人生就好像是携带着一张地图，地图显示天大地大，但你的身心只有一副，你若处处都想去，你就哪里都去不了，只能原地踏步。你的时间有限，只有短短的数十年，因此，你要在早年便订好明确清楚的目标，在地图上标出一个地点，那就是你想去的地方。

有一位困惑的年轻人曾向成功学大师拿破仑·希尔求教。年轻人对于目前的工作甚不满意，希望能拥有更适合他的事业，他极想知道如何做才能改善他目前的情况。

"你想往何处去呢？"希尔这样问他。

"关于这一点，说实在的，我并不清楚，"年轻人犹豫了一会儿，继续回答道，"我根本没有思考过这件事，只是想着要到不同的地方去。"

"你做过最好的一件事情是什么呢？"希尔接着问他，"你擅长什么？"

"不知道，"年轻人回答，"这两件事，我也从来没有思索过。"

"假定现在你必须要自己做一番选择或决定，你想要做些什么呢？你最想追求的目标是什么呢？"希尔追问道。

"我真的说不出来，"年轻人相当茫然地回答，"我真的不知道自己想做些什么。这些事情我从未思索过，虽然我也曾觉得应该好好盘算这些事才对……"

"现在我可以这样告诉你，"希尔这么说着，"现在你想从目前所处的环境中转换到另一个地方去，但是却不知该往何处，这是因为你根本不知道自己能做什么、想做什么。其实，你在转换工作之前应该把这些事情好好做个整理。"

由于绝大多数的人对于自己未来的目标及希望只有模糊不清的印象，因而通常不懂选择。试想，一个不知道自己要去哪里的人，又如何指挥脚的方向？

　　一个没有目标的人生，就是无的放矢，缺少方向，就像轮船没有了舵手，旅行时没有了指南针，会令我们无所适从。

　　人的生活就像一条航道，船就像是一个人，人沿着这条航道不断向前。应该知道自己要去哪里，每一次选择都可以衡量自己是否适当，因为目的地是自己的目标。当选择有利于接近自己目的地的话，就算只移近了一分一寸，那也是有意义的，否则，就是偏离了方向。最怕的是倒退，不但没有靠近目的地反而远离了目的地，这样的话，我们就应该反省自己错误的选择。

　　你现在可以做些什么呢？如果目前你还在读书阶段。那么，你现在就要把书读好，增加知识，提高学历，并且多留意和自己兴趣有关的事，保持对这个目标的兴趣，毕业之后就报考这个专业，而且最好是考名校，这对你将来实现目标颇有帮助。

　　另外，学习除了要有头脑，还要有强健的体格，在求学阶段还应练出强健的身手，对迈向自己的目标甚有意义，如能精通武术，那就更佳。

　　事业目标定得清楚了，做起事来就有方向可寻，虽然离目标尚远，但在此时此地，便已经有事可做，就不会糊糊涂涂地过日子。

　　制定目标的一个最大好处是有助于人们妥善安排日常工作中的轻重缓急。没有目标，人们很容易陷进与理想无关的日常事务当中。一个常常忘记最重要事情的人，会成为琐事的奴隶。有人曾经说过，"智慧就是懂得该忽视什么东西的艺术"，道理就在此。许多年前，某报作过 300 条鲸鱼突然死亡的报道。这些鲸鱼在追逐沙丁鱼时，不知不觉地被困在了一个海湾里。弗里德里克·布朗哈里斯这样说："这些小鱼把海中巨人引向死亡，鲸鱼为追逐小利而死。为了微不足道的目标而空耗了自己的巨大力量。"

　　没有目标的人，就像那些鲸鱼，他们有巨大的力量与潜能，

　　但他们总是把精力放在小事情上，小事情使他们忘记了自己本应做什么。说得明白一点儿，要发挥潜力，就必须全神贯注于利用自己的优势去完成有高回报的目标。目标能帮助你集中精力。另外，当你不停地在已有优势的方面做出努力时，这些优势会进一步发展，最终达到目标。

　　虽然目标是有待将来实现的，但目标能使我们把握住现在。为什么呢？因为目标要求我们把大的任务看成是由一连串小任务和小步骤组成的，要实现任何理想，首先要完成这些小的目标。所以，如果你能集中精力于当前手上的工作，心中明白自己现在所做的种种努力都是为实现将来的目标铺路，那么你在成功的道路上就不会走弯路。

发掘自己的特长

你也许没有爱迪生的发明才华，但天生我才必有用，看看自己喜欢做些什么，然后就为这个目标努力，从事相关的行业，学习相关的东西，或在行内浸淫，加上运用创意以及各种条件配合，无论如何都会有些成果。

你在定立事业目标的时候，不妨闭上眼睛，按照自己的欲望，想一下十年以后自己到底想变成什么模样，是企业家？是发明家？是某些行业的翘楚？你当然不能凭空去想，你要有一些条件在手，足以令你产生一些想象力，而这股想象力是顺着你的欲望产生的。

当然，一味按照自己的欲望来制订目标是不理性的，最好是能将欲望与个人的长处连接起来。很多霸气的人的成功，首先得益于他们充分了解自己的长处，根据自己的特长来进行定位。如果不充分了解自己的长处，只凭自己一时的兴趣和想法，那么定位就很可能不准确，并带来很大的盲目性。歌德一度没能充分了解自己的长处，树立了当画家的错误志向，害得他浪费了十多年的光阴，为此他非常后悔。美国女影星霍利·亨特一度竭力避免被定位为矮小精悍的女人，结果走了一段弯路。幸亏经纪人的引导，她重新根据自己身材娇小、个性鲜明、演技极富弹性的特点进行了正确的定位，出演了《钢琴课》等影片，一举夺得戛纳电影节的"金棕榈"奖和奥斯卡大奖。

类似的例子实在是太多了。

爱迪生少年在校学习时，老师认为他是一个愚笨的孩子，经常责怪他。而爱迪生的母亲却发现了自己儿子爱探究的天赋，用心培养他，后来他终于成了发明大王。

达尔文学数学、医学呆头呆脑，一摸到动植物却灵光焕发……

阿西莫夫是一个世界闻名的科普作家，同时也是一个自然科学家。一天上午，他坐在打字机前打字的时候，突然意识到："我不能成为一个第一流的科学家，却能够成为一个第一流的科普作家。"于是，他几乎把自己的全部精力放在科普创作上，终于成了当代世界最著名的科普作家。

伦琴原来学的是工程科学，他在老师孔特的影响下，做了一些物理实验，并逐渐体会到，这就是最适合自己的职业。后来他果然成了一个有成就的物理学家。

一些遗传学家经过研究认为：人的正常智力由一对基因所决定。另外还有五对次要的修饰基因，它们决定着人的特殊天赋，起着降低或提高智力的作用。一般说来，人的这五对次要基因总有一两对是"好"的。也就是说，人总有可能在某些特定的方面具有良好的天赋与素质。

所以，每一个人都应该努力根据自己的特长来设计自己，量力而行。除此之外，还应根据自己的兴趣、环境、条件，全面考量谋求最大优势以确定目标。不要埋怨环境与条件，应努力寻找有利条件；不能坐等机会，要自己创造条件，拿出成果来，获得社会的承认。霸气的人不仅要善于观察世界，观察事物，也要善于观察自己，了解自己。

设定目标要力所能及

你或许会感到不解，到底迈克尔·乔丹拼命不懈的动力来源于何处？那是发生在他高中一年级时一次篮球场上的挫败，激起他决心不断地向更高的目标挑战。就在这个目标的推动下，飞人乔丹一步步成为全州、全美国大学，乃至 NBA 职业篮球历史上最伟大的球员之一，他的事迹改写了篮球比赛的纪录。

当你问起 NBA 职业篮球高手"飞人"迈克尔·乔丹，是什么因素造就他不同于其他职业篮球运动员的表现，而能多次赢得个人或球队的胜利？是天分吗？是球技吗？抑或是策略？他会告诉你说："NBA 里有不少有天分的球员，我也可以算是其中之一，可是造成我跟其他球员截然不同的原因是，你绝不可能在 NBA 里再找到像我这么拼命的人。我只要第一，不要第二。"

有限的目标会造成有限的人生，所以在设定目标时，要适度伸展自己。一个唾手可及的目标，既不能激起你昂扬的斗志，也不能激起你身上的潜能。你需要一个有些难度的目标。

在给自己制定目标时，不要轻易给自己设限。

在"跳蚤训练"试验中，科学家把它们放在广口瓶中，用透明盖子盖上。跳蚤会跳起来，撞到盖子，而且是一再地撞到盖子。当你注视它们跳起来并撞到盖子时，你会注意到一些有趣的事情：跳蚤会继续跳，但是不再跳到足以撞到盖子的高度。然后你拿掉盖子，虽然跳蚤继续在跳，但不会跳出广口瓶外。理由很简单，它们在调节自己所跳的高度，一旦确定，便不再改变。

人也一样，不少人准备写一本书、爬一座山、打破一项纪录或做出一项贡献。开始时，他的梦想毫无限制，但是在生活的道路上，并非一切都能随心所欲，他会多次碰壁。这时候，他的朋友与同事可能会消极地批评他，结果他就容易受到消极的影响，认为自己的目标"超越了自己的能力"。"容易受消极的影响"只会给自己找到失败的借口而不是成功的方法。

应对"跳蚤训练"的另一个最显著的例子就是罗格·本尼斯特。多少年来，新闻媒体不断长篇大论地推测 4 分钟跑完 1 英里的可能性，而一般人的意见则认为 4 分钟跑完 1 英里是超出人类的体能的。结果很多的运动员受到"消极影响"而无法跑出 4 分钟 1 英里的成绩。

罗格·本尼斯特不想受"消极影响"，他是一位成功应对"跳蚤训练"原理的聪明人。所以，他第一个用 4 分钟跑完了 1 英里，然后，澳大利亚的约翰·兰狄在本尼斯特突破障碍后不到 6 周，也跑出了 4 分钟 1 英里的成绩。紧接着，又有 50 位以上的选手在 4 分钟之内跑完了 1 英里，其中还包括一位 37 岁的"老"运动员。1973 年 6 月在路易丝安娜巴顿罗格地区举行的全美田径赛中，有 8 位运动员同时在 4 分钟之内跑完了 1 英里。一切似乎不可思议，但细想却在情理之中。4 分钟跑 1 英里的障碍突破了，但那不完全是因为人类的体能发生了变化。障碍本身主要是心理上的障碍，而不仅是身体的限制。

因此，在设定自己的目标时，不要被一些所谓的"不可能"蒙住了眼睛。在飞机发明之前，几乎所有的人都认为一个铁定家是不可能在天上飞的。但莱特兄弟不这么认为。他们为自己设立了一个别人看起来不可能实现的目标，并为这个目标付出了大量的心血。于是，他们的名字被写在航空史上。

第二章　深谋远虑成就大气人生

《孙子兵法》中说，为将为官的，有一个重要的必备条件，那就是深谋远虑。在行军打仗之前，要从利与害的两个方面，进行周密的、客观的全盘考虑。既考虑了事情的顺利和获胜的一方面，因而胜利了也不骄傲；也考虑了可能出现的意外或不利因素，以及损失的代价，一旦处于败境就不会惊慌失措、六神无主。

其实不单是行军打仗，人生中的各种事情，言行举止都要深思熟虑、三思而后行。《仁道》中有云："有为之人，必深谋之，远虑之。"这段话的意思是：有作为的人，一定会精心谋划，长远考虑。

不要局限眼前的利益

当落魄的王有龄在茶馆里唉声叹气时，没有人愿意理睬这个穷书生。胡雪岩却看到了自己出头的一个机会。于是他鼎力资助王有龄去吏部"投供"。终于为自己铺就一条"红顶商人"的青云之路。

当秦公子异人在赵国作为人质时，没有人发现他身上蕴藏的巨大机会。吕不韦发现了。于是，吕不韦完成了从商人到秦国相国的飞跃。

古人云：人无远虑，必有近忧。远虑来自何处？来自于远见。一个只知道看一步走一步的棋手，休想在棋盘上称强。在人生的棋盘上，霸气的人从来都是看数步走一步，未雨绸缪。

当安陵君在楚国尽享荣华富贵时，一个叫江乙的人看出了安陵君风光背后的灾祸隐患。

江乙对安陵君说："您对楚国没有丝毫的功劳，也没有骨肉之亲可以依靠，却身居高位，享受厚禄，人民见到您，没有不整饰衣服，理好帽子，毕恭毕敬向您行礼的，这是为什么呢？"安陵君回答说："这不过是因为楚王过于看重我罢了；不然，我不可能得到这种地位。"江乙说："用金钱与别人结交，当金钱用完了，交情也就断绝了；用美色与别人交往，当美色衰退了，爱情也就改变了。所以，爱妾床上的席子还没有皱纹，就被遗弃了；宠臣的马车还没有用坏，就被罢黜了；您现在尽享楚国的权势，可自己并没有能与楚王结成深交的东西，我非常为您担忧。"

江乙可谓目光如炬，能从繁花似锦中看到巨大的隐患。只有先看到事物发展的趋势，才能提前采、取应对措施，将好事收入囊中，将坏事规避或转变成好事。

　　眼光不仅要看得远，还应该看得深，不要局限于眼前利益。平常人认为的平常之事，霸气的人往往能看到平常外表下的本质。

凡事考虑周到

"看到"只是霸气的人谋事的序幕。为了达到目的，霸气的人总是在出手前深思熟虑，将事情规划好，方方面面考虑到。这样，一旦开始行动，能做到心里有数、按部就班、有条不紊。即使出现一些变故，也因计划的周全而不至于不知所措。

我们在前面所说的吕不韦的"货人"之举，虽说捡到了一个大馅饼，但真正要进口还需要一番大的动作，让我们来看吕不韦是如何导演这场戏的：

首先，吕不韦找到作为人质的异人，说："公子傒有继承王位的资格，其母又在宫中。如今公子您既没有母亲在宫内照应，自身又处于祸福难测的敌国，一旦秦赵两国交战，公子您的性命很难保全。如果公子听信我，我倒有办法让您回国，且能继承王位。我先替公子到秦国跑一趟，必定接您回国。"吕不韦的分析非常有道理，异人没有半点拒绝的理由。

于是，吕不韦动身去了秦国。他游说秦孝文王王后华阳夫人的弟弟阳泉君说："阁下可知？阁下罪已至死！您门下的宾客无不位高势尊，相反太子门下无一显贵。而且阁下府中珍宝、骏马、佳丽多不可数，老实说，这可不是什么好事。如今大王年事已高，一旦驾崩，太子执政，阁下则危如累卵，生死在旦夕之间。小人倒有条权宜之计，可令阁下富贵万年且稳如泰山，绝无后顾之忧。"阳泉君听了，自然非常为自己的前途担心，于是赶忙让座施礼，恭敬地表示请教。吕不韦献策说："大王年事已高，华阳夫人却无子嗣，有资格继承王位的子傒继位后一定重用秦臣士仓，到那时王后的门庭必定长满蒿野草，萧条冷落。现在在赵国为质的公子异人才德兼备，可惜没有母亲在宫中庇护，每每翘首西望家邦，极想回到秦国来。王后倘若能立异人为子，这样一来，不是储君的异人也能继位为王，他肯定会感念华阳夫人的恩德，而无子的华阳夫人也因此有了日后的依靠。"阳泉君说："对，有道理！"

一个是朝廷无人难显贵，一个是后继无人显贵难长久。吕不韦只需两面开导，然后牵线搭桥就行了。

果然，华阳夫人的弟弟阳泉君赶紧进宫，将吕不韦的话转告华阳夫人。华阳夫人一听，果然有道理，忙说服秦孝文王，要求赵国将异人遣返回秦。

好事从来多磨。赵国不肯放行。吕不韦就去游说赵王："公子异人是秦王宠爱的儿郎，只是失去了母亲照顾，现在华阳王后想让他做干儿子。大王试想，假如秦国真的要攻打赵国，也不会因为一个王子的缘故而耽误灭赵大计，赵国不是空有人质了吗？但如果让其回国继位为王，赵国以厚礼好生相送，公子是不会忘记大王的恩义的，这是以礼相交的做法。如今孝文王已经老迈，一旦驾崩，赵国虽仍有异人为质，但又有谁在乎他呢？"平心而论，吕不韦的话句句在理。于是，赵王就将异人送回秦国。

公子异人回国后，吕不韦让他身着楚服晋见原是楚国人的华阳夫人。华阳夫人对异人的打扮十分高兴，认为他很有心计，并特地亲近说："我是楚国人。"于是把公子异人认作干儿子，并替他更名为"楚"。

有了华阳夫人这棵大树，异人就可以时常出入宫中了。一次，异人乘秦王空闲时，进言道："陛下也曾羁留赵国，赵国豪杰之士知道陛下大名的不在少数。如今陛下返秦为君，他们都惦念着您，可是陛下却连一个使臣未曾遣派去抚慰他们。孩儿担心他们会心生怨恨之心。希望大王将边境城门迟开而早闭，防患于未然。"秦王觉得他说话极有道理，为他的见识感到惊讶。华阳夫人乘机劝秦王立之为太子。秦王召来丞相，下诏说："寡人的儿子数子楚最能干。"并立异人为太子。

异人也就是公子楚做了秦王以后，任吕不韦为相，封他为文信侯，将蓝田十二县作为他的食邑。母凭子贵，华阳夫人也因此成了华阳太后，诸侯们闻讯都向太后奉送了养邑。

吕不韦是中国历史上的一个奇人，他的谋略和口才都是中国历史人物中第一流的。他凭着一人之力，就促成了自己终身的荣华富贵。他是那种善于进行大的策划、善于实施和完成这个策划的人，这种人要口才出众，自己就是自己谋划的贯彻实施者。

就谋略而言，吕不韦不仅谋得深、算得远，而且谋得全，算得广。他共分了四个步骤来进行谋划：其一，当他看到公子异人时就觉得奇货可居，是一个能够赢得整个未来的上佳投资项目，于是他说服异人听他指挥。其二，这个"奇货"要想推销出去、这份投资由风险转化为巨大利润，还是需要做出艰苦的努力和费力的工作。他不仅要安排好接人，而且要安排好放人。他算计到华阳夫人及其弟弟的潜在的、迫切地需要，使华阳夫人能够为了自己的利益而为异人奔走，使秦国开始向赵国要人。其三，他又游说赵王，以长远的利益说动赵王送归异人。其四，人接回后，为更上一层楼，他在异人身上下了点功夫，使秦王最终立异人为太子。吕不韦在两国间穿针引线、巧妙安排、运筹得当、步步迭进，他真是一个一流的策划家、设计家。完成他的这次交易，实际上是个大工程。要调动事主、接人的秦国、放人的赵国、认干儿子的王后、立太子的秦王等，庞大而复杂，非得要高屋建瓴和周全细致不可。

兵法有云：上兵伐谋，谋定而后动。我们看吕不韦挥洒自如地下了一盘很大的棋，招招巧妙、步步得势。其背后倾注了他多少深谋思虑的心血啊。

精于谋势，方能谋事

"势"者，形势、趋势、态势也，就是事关全局的发展趋势；所谓的"谋"，是对形势、趋势、态势的分析和研究，对时代特征、主要矛盾、发展规律等战略问题的认识、把握与谋划。

霸气的人的"强"，一方面在于自身能力的强势，另一方面在于懂得乘势而行，待时而动。龙无云则成虫，虎无风则类犬。识时为俊杰，乘势是英雄。飞蓬遇飘风而致千里，正是乘势而为。势在必得，势不可挡，势如破竹，这些成语所传递给我们的都是乘势的神奇力量。

曾经观看过高手对弈，跳马出车飞象之间，全无杀气。数十个回合后，但见一方神情愈来愈凝重。再走几步，竟大汗淋漓，坚持片刻便拱手认输。而一旁的我细观棋局，怎么也看不出输者究竟输在何处。年少气盛的我替输者不服，问输的一方：输在何处？输者回答：大势已去！我自告奋勇替输者下完残棋，几步之后，果然局势明朗，我方损兵折将，身陷泥潭。输棋之后，仍不服，请求赢方允许我悔棋重下。得到允许后，把棋局复原到我接盘的状态继续对弈，结果再输。如是者三，方明白什么叫"大势已去"。

外行人眼里平平常常的几颗棋子，在内行人貌似随意的布局下，居然形成了一个天罗地网般大气严密的阵势，令对手无处可逃。故古人云：善弈者谋势，不善弈者谋子。下棋如此，经营人生又何尝不是如此？看有些人不显山不露水，数年之后竟好运连连、功成名就；而更多的人忙忙碌碌、东奔西跑，却一直没有出头的日子。这其中的差别无非在于：前者重"谋势"，而后者谋的只是"事"。谋势者，善于辨势、预势、造势、乘势、借势、蓄势，力之所至，势如破竹；谋事者拘于琐事，难免"一叶障目，不见泰山"，得到的往往只是眼前的微利，却可能损失了将来的厚报。

谋求最佳的综合优势

在《荀子·王霸篇》中，荀子认为："（农夫）上不失天时，下不失地利，中得人和，而百事不废。"而和荀子处于同一个时代的孟子，对于天时、地利与人和也极为注重，他曾有"天时不如地利，地利不如人和"之说。荀子所议之事是农事，其"天时"是指农时，"地利"是指土壤肥沃，"人和"是指人的分工。认为农夫能依照农事安排耕作、适应土地肥沃种植加以科学的农业分工，便能使农事顺畅，丰衣足食。孟子所议之事是战争，其"天时"指的是作战的时机、气候，"地利"是指山川险要，城池坚固，"人和"则指人心所向，内部团结。

具体到人生的谋划，"天时"我们可以理解为社会的时势、潮流以及社会变迁的趋向，"地利"可以理解为身处有利的环境，"人和"则可以理解为人际和谐、人心所向。

"天时"并非是指看不到摸不着的神秘东西，时势、潮流是可以辨别的，而社会变迁的趋向是可以预测的。因此，谋势要建立在辨势与预势的基础之上。只有看清了当下的形势，才能顺应形势。也只有预测了将来的形势，才能做到未雨绸缪。

有一句老话可以帮助我们理解"地利"——树挪死，人挪活。人如何挪？从广州到北京是挪，从甲单位到乙公司是挪，从A职业到B工种也是挪。人为什么一挪就"活"了？那是因为他挪到了一个更加适合自己发挥与发展的环境。当然，不是人人都会一挪就活，只有挪到了适合自己的地方才能"活"。

人心齐，泰山移。在中国传统的世界观中，"人和"是最重要的。孔子曰："和为贵"，孟子曰："天时不如地利，地利不如人和"。何以人和最重要的呢？古人是从人力的角度，来强调人和的重要性。《荀子·王制》说："水炎有气而无生，草木有生而无知，禽兽有知而无义。人有气，有生，且有义，故最为天下贵也。力不若牛，走不若马，而牛马为用，何也？曰：人能群，延续不能群也。人何以能群？曰：分。分何以能行？曰：义。故义以分则和，和则一，一则多力，多力则强，强则胜物。故宫室可得而居也；故序四时，裁万物，兼利天下。无它故焉，得分义也。"就是说个人的力量比不过禽兽，可禽兽却被人所利用，原因就在于人和（即众人的合力）。用今天的话来说，就是个人的力量（体力和智力）是有限的，只有将有限的个人力量联合起来，力量才是无限的。

天、地、人三者之间的关系，古往今来都是人们所关注的。争论谁最重要似乎很难有一个同意的答案，折中的看法是三者并重，谋求最佳的综合优势为上上选。而在这三项上谋求到了最佳的综合优势者可以称为霸气的人。

有势乘势，无势造势

霸气的人就是一些有势乘势，无势造势以乘势的高手。古人云：无势不尊。没有声势之人一定是落魄之辈，无人追随和扶持，生存都是艰难的，尊贵更是遥远。造势要借助于智慧，通达事理方能收取人心、增强人望。事实上，人都是有弱点的，也是有所追求的，只要在这方面多动些脑筋，善加运用，就不愁声势不壮大。一旦声势渐起，事业便可期待了。

有势当乘势，无势怎么办？

——造势。

唐代诗人陈子昂 21 岁来到京师，怀着一番雄心，却始终没有引起重视。有一天，陈子昂在街上遇见个卖琴的人，开价百万，觉得贵得离谱，陈子昂却用车子运来现金，当场买下了琴。四周的人问："想必您一定琴弹得非常好。"

陈子昂说："我确实善于此道。"大家又问能不能欣赏一下呢。

"可以！"陈子昂说，"明天请大家来我家。"

第二天，大家都到了，陈子昂准备了酒肴招待，捧出琴，对大家说："我陈子昂有文章上百卷，大家不知道，居然对这区区弹琴的小技感兴趣。"

说完把琴举起来，当场砸碎，并且把上百卷文章分送给大家。就这样，陈子昂一日之内，名满京师。

花费巨资购琴→约好奇者赏琴→砸琴→分发自己的文章，陈子昂的造势手法真是高明之极。他是整个一夜成名案例中的"推手"，亲自把自己推红。

　　造势把自己推上潮头，不能没有真功夫。否则盛名之下难符其实，就像陈子昂将自己的文章分发众人，若文章平平，恐怕也只是为京都的百姓徒增茶余饭后的笑料而已。这一点，造势者不可不察。

聪明的人懂得顺应大势

明朝大儒吕坤的《呻吟语》，历代被视为一本写透人生的奇书。其中有云：智者不与势斗。

无论做什么事，势都是非常关键的。水蓄起来才会有势，才会造成力量。大水冲过来的时候，我们也会躲起来的。因为我们的力量再大，也不足以与水势相抗衡。当自然法则运行到一定的阶段，就会形成一种势力。比如说春雷震荡，秋雨连续连绵等，都是自然的规律。甚或是地震、洪水，那都是自然地壳的变化，或者气候水分的调节。人类是没有办法的，只能去认识并且适应这个自然的规律。

逆潮流而动是不明智的，个人不管有何能力，都抵抗不了历史的洪流。度势要顺应时代要求，它不是标新立异，而是认清形势，摒弃个人的偏见。顺应形势有时要牺牲一些个人利益，这是成就大事的必要付出，用不着计较太多。明知不可为而强为之，是不会有好结果的。

万物有盛有衰，再大的势力终会走向没落，这是自然法则。人们要清醒地看到，个人的势力虽不能改变最终的命运，但还是大有作用的，绝不可消极等待。有备无患是立足长远的，在势水消解之前，多做一些善事，多做一份思考，多留一条后路，不仅必要，而且有益。在这方面，人们要有危机意识，不能一拖再拖，否则，一旦危机来临，一切就显得太晚了。

齐国相国孟尝君门下，有个名叫冯谖的食客。一次他奉命到孟尝君的封地薛地去收债，临行时，他问孟尝君收完债买些什么回来。孟尝君说家里缺什么就买什么。冯谖到薛地后，假借孟尝君的命令，将债契全都烧了。借债的百姓对孟尝君感激涕零，齐呼万岁。

冯谖回来后，孟尝君问他债收齐了没有，买了些什么回来。冯谖回答说，他见相国家什么也不缺，就缺一个"义"字，因此以相国的名义将契债全烧了，把"义"买了回来。孟尝君听了虽然不大高兴，但也无可奈何。

一年以后，孟尝君相国的职务被齐王免除，只好回到薛地去。离薛地还有一百多里路，老百姓就扶老携幼前来迎接。孟尝君这才看到了冯谖给他买的"义"字的珍贵，非常感谢冯谖。但冯谖对他说："狡猾的兔子有三个洞穴，但这仅仅使它免于被猎人打死，被猛兽咬死。如今您只有一个洞穴，还不能安枕无忧。请允许我再为您凿两个洞穴。"于是，孟尝君便听从了冯谖的建议，让他带着车马黄金到魏国去游说。

冯谖在魏王面前为孟尝君说了很多好话。魏王马上派使臣携带许多财物和马车去齐国，聘请孟尝君来魏国当相国。

冯谖又赶在使臣之前回到薛地，告诫孟尝君不要接受聘请。魏国使臣如此往返三次，孟尝君还是拒绝接受聘请。齐王得知这个消息后，担心孟尝君到魏国任职，于是赶紧恢复了孟尝君相国的职位，并向他赔礼。这样，孟尝君为自己凿成了第二个窟。

之后，冯谖又建议孟尝君向齐王请求赐给先王祭器，在薛地建造宗庙供奉。这样一来，齐王就会派兵来保护，使薛地不受其他国的侵袭。齐王答应了这个请求。等到宗庙建成，冯谖对孟尝君说："三窟已成，现在您可以高枕无忧了。"

第三章　大气如水，随圆就方

霸气不是霸道，更不是鲁莽。霸气的人做起事来如水一样，能"随器成其形"：放在桶里的水是圆的，放在箱子里的水是方的，遇冷成冰，受热化雾，随势而变，不拘一格。

刚柔互用，处世方圆

曾国藩说："做人的道理，刚柔互用，不可偏废。太柔就会萎靡，太刚就会折断。刚不是残暴，而是正直；柔不是软弱，而是谦退。趋事赴公，需要正直；争名逐利，需要谦退。"刚中有柔，柔中带刚，就会处处得心应手，获得别人的支持与帮助。

曾国藩是一位复杂而且具备多元影响的清代人物。对他褒奖的人把他捧得比天还高；贬斥他的人又把他看得一文不值、不足称道。曾国藩一生历尽周折，走出湘江大地成为中兴名臣，他熟练地驾驭着各种权力，深藏不露，随机应变，最终取得了成功。他的成功取决于刚中有柔，柔中带刚的性格。

"刚"是曾国藩性格的本色。曾国藩刚练水勇时，水陆两军约有万余人，这时若和太平天国的百万之师相抗衡，无异是以卵击石。因此曾国藩为保护他的起家资本，曾一度对抗朝廷的调遣，令咸丰奈何不得。

1853 年，曾国藩把练勇万人的计划告诉了爱将江忠源。江忠源鲁莽无知，向朝廷合盘奏出，结果船炮未齐就招来咸丰皇帝的一连串征调（即将湘军调出去支援外省）谕旨。曾国藩深知太平军兵多将广，训练有素，绝非普通农民起义队伍可比。况且与太平军争雄首先是在水上而不能在陆地，没有一支得力的炮船和熟练的水勇，是吃力不讨好的。曾国藩为此打定主意：船要精工良木，坚固耐用！炮要不惜重金，全购洋炮。船炮不齐，绝不出征。正如他所说的："敛戢不利不可以断割，毛羽不丰不可以高飞。"因而，当咸丰皇帝催促其"赶紧赴援"，并以严厉的口吻对曾国藩说："你能自担重任，当然不能与畏葸者比，言既出诸你口，必须尽如所言，办与朕看。"曾国藩接到谕旨后便拒绝出征。
他在奏折中陈述船炮未备、兵勇不齐的情况之后，激昂慷慨地表
示："我知道自己才智浅薄，只有忠心耿耿，万死不辞，但是否
能够成功，却毫无把握。皇上责备我，我实在无地自容，但我深
知此时出兵，毫无取胜的可能，与其失败犯欺君之罪，不如现在
具体陈述，宁可承受畏首畏尾的罪名。"他进一步倾诉说："我对
军事不太娴熟，既不能在家乡服丧守孝，使读书人笑话，又以狂
言大话办事，让天下人见笑，我还有何脸面立于天地之间呢！每
天深夜，想起这些，痛哭不已。我恳请皇上垂鉴，体怜我进退两
难的处境，诚臣以敬慎，不要再责成我出兵。我一定殚尽血诚，
断不敢妄自矜诩，也不敢稍有退缩。"咸丰皇帝看到这封语气刚
中有柔，柔中又带刚的奏折，深为曾国藩的一片"血诚"所感
动，从此不再催其赴援外省，并安慰他说："成败利钝固不可逆
睹，然汝之心可鉴天日，非独朕舌。"曾国藩"闻命感激，至于
泣下"。

正是曾国藩这种刚硬的性格让他保存了湘军的力量，为湘军
的发展壮大提供了条件，也为大清江山积蓄了后备力量。且不说
他的这种违抗君命的做法是否正确，但是抗旨的勇气和强硬，是
让人刮目相看的。

曾国藩在他一生之中，并不是处处推崇"刚"，他也重
"柔"。因为他知道，柔代表弱小，却是成长中的事物，充满了强
大的生命力；而至刚则已到了顶，达到了极限，比起"柔"来，
它暂时是占有优势，但长久的优势不在它一方。一根草、一条
线，是"至柔"，但许多根、许多条结合起来，则是"至刚"的
刀也难以斩断。曾国藩相信，强大处下，柔弱处上；天下莫柔弱
于水，而攻坚霸气的人莫之能胜，以其无以易之。所以，在取得
了一定的成就之后，曾国藩决定改变自己原来过刚的性格。曾国

藩号涤生，涤生就是洗涤性格中不好的东西，锤炼出理想性格。他在给弟弟曾国荃的信中说："近岁在外，恶人以白眼藐视京官，又因本性倔强，渐近于愎，不知不觉做出许多不恕之事，说出许多不恕之话，至今愧耻无已。"曾国藩年轻时性格刚而倔强，几乎到了自负的地步，以致碰过不少壁。

　　曾国藩曾写过一联："养活一团春意思，撑起两根穷骨头。"这也是刚柔兼济。正是这种刚中有柔，柔中带刚的性格使曾国藩游刃于相互倾轧的清代官场之中。

　　"弱肉强食"是动物界中的普遍现象，弱小的动物总是被强大的动物吞掉。在人类社会也存在着这种现象。

　　在为人处世中我们提倡忍让，但"忍"并非软弱可欺。我们要善于软硬兼施。该软时软，该硬时决不退让。人生在世，待人接物，应当说更多的时候是软的，所谓有话好说，遇事好商量，遇事让人三分……都是人们待人接物中常有的态度和常用方法。但不是所有的时候软的手段都灵验，有的人就是欺软怕硬，敬酒不吃吃罚酒，好话听不进，恶话倒可让他清醒。这样，强硬的态度与手段就成为必要了。

霸气的人能够控制情绪

三句话不对头，便拍案而起；两杯酒下肚，便勾肩搭背——这都非霸气的人之本色。

毫无疑问，人人都有情绪，听到恶言心里多些不爽，遇到谈得来的难免心生好感。但情绪是人对事物的一种最浮浅、最直观、最不用脑筋的情感反应，它往往只从维护情感主体的自尊和利益出发，不对事物做深入和理智的考虑。这样的后果，常使自己处在很不利的境地或为他人所利用。

本来，情感占主导地位就跟智谋距离很远了（人常以情害事，为情役使，情令智昏），情绪更是情感的最表面部分，最浮躁部分，带着情绪做事，焉有理智的？不理智，能够稳操胜券吗？不理智，头脑一发热，能不惹是生非吗？

但是我们在工作、学习、待人接物中，却常常依从情绪的摆布，头脑一发势（情绪上来了），什么蠢事都敢做，什么蠢事都做得出来。比如，因一句无甚利害的话，我们便可能与人争斗，甚至拼命；又如，因别人给的一点假仁假义而心肠顿软，犯下根本性的错误（西楚霸王项羽在鸿门宴上耳软、心软，以致放走死敌刘邦，最终痛失天下，便是这种妇人心肠的情绪所为）；还可以举出很多因情绪而犯的过错，大则失国失天下，小则误人误己误事。事后冷静下来，自己也会感到很后悔。这都是因为情绪的躁动和亢奋，使自己头脑发热，蒙蔽了心智所为。

除了日常生活中的这种习惯所为和潜意识所为，敌战之中，人们有时故意使用这种"激将法"，来诱使对方中计。所谓"激将"，就是刺激你的情绪，让你在情绪躁动中，失去理智，从而犯错。因为人在心智冷静的时候，大都不容易犯错。楚汉之争时，项羽将刘邦父亲五花大绑陈于阵前，并扬言要将刘公剁成肉泥，煮成肉羹而食。项羽意在以亲情刺激刘邦，让刘邦在父情、天伦压力下，自缚投降。刘邦很有智慧，也很冷静，没有为情所蒙蔽，他的大感情战胜了亲私情，他的理智战胜了一时的情绪，他反以项羽曾和自己结为兄弟之由，认一己父就是项父，如果项羽要杀其父，煮成肉羹，他愿分享一杯。刘邦的超然心境和不凡举动，项羽根本没想到，以致无策回应，只能潦草收兵。与此相同的是，三国时诸葛亮和司马懿祁山交战，诸葛亮千里劳师欲速战。司马懿看穿孔明急于求战的心理，因为蜀军远征，粮草供给线过长，时间越久越对蜀军不利，所以他便以逸待劳，坚壁不出，以空耗蜀军士气，然后伺机取胜。诸葛亮面对司马懿的闭门不战，无计可施，最后想出一招，送一套女装给司马懿，羞辱他闭门不战宛若妇人。一般人根本难以忍受这种侮辱，可司马懿毕竟非同一般，他落落大方地接受了女儿装，情绪并无影响，还是坚壁不出，诸葛亮几乎无计可施，最后身死五丈原。

　　以上是战胜了自己情绪的例子。在生活中，也有许多人克制不住自己而成为情绪的俘虏。在三国演义中，诸葛亮七擒七纵孟获，这个蛮王孟获便是一个深为情绪役使的人，他之所以不能胜过诸葛亮，正是心智不及诸葛亮的缘故。蜀国大国压境，孟获以帝王自居，小视外敌，结果一战即败，完全不是对手。

　　冲动的人往往会给别人造成要横的样子，别人很快就会认为这人是在胡搅蛮缠，因此不会对他有太多的照顾。其实人要追求什么东西，或者向人要讨回什么东西，在这种时刻人更多的应该学会理智很清醒，学会把自己的想法清晰有序地表达出来。

　　对人奉承和意气用事走的是两个方向。对人奉承是一种柔的方向，而意气用事则是一种刚的方向。

　　成功的领导，都善于控制自己的情绪，掌握自己的心态，约束自己的言行。无论受到什么刺激，他们都能保持沉着、冷静。必要时能克制自己的愤怒与悲伤，忍受身心的痛苦与不幸，克制自己各种不利于大局的情绪，表现出高度的自律和自制，在待人接物上做到忍让克己。

　　在平常生活中，善于控制情绪的人更受人欢迎，更受人尊重。有些人易冲动，控制不了自己的情绪和行为，遇到刺激，易兴奋，易激动；处理问题冒失、轻率，好意气用事，不顾后果。这种人，你会喜欢他吗？你会把自己的心事与他分享吗？你会信任他能帮你解决难题吗？

　　潮起潮落，冬去春来，日出日落，月圆月缺，花开花谢，草荣草枯，自然界万物都在循环往复的变化中。我们也不例外，情绪会时好时坏，受各种干扰，但我们要学会控制自己的情绪。因为，昨天的欢乐会变成今天的哀愁，今天的悲伤又会转为明日的喜悦。福兮，祸兮，福祸相依兮。

　　弱者让情绪控制自己，霸气的人让自己控制情绪，我们要学会与自己的情绪对抗。

　　纵情得意时，要想想竞争对手的强悍；悲伤恐惧时，要开怀大笑着努力向前；自以为是时，要知道山外有山；自卑沮丧时，要换上新装引吭高歌；出离愤怒时，要想到愤怒的后果，耐心地听别人解释；病痛哀伤时，要记起天下那些生来残缺的身体，想想明日仍会升起的太阳。

　　学会控制自己的情绪，才能真正成为自己的主人，同时也向坚强、理智、沉稳、乐观、有远见等许多优秀品质靠近。

　　你只有先成为自己的主人，并具备这些能给人力量、支持和喜悦的品质，才能成为别人所爱、所敬、所信任的人。

不较真儿是一种智慧

斤斤计较是一种弱者心态，它的表现就是凡事都要较个真儿，都要分出个子丑寅卯来。其实，有许多事情都是无关紧要的，是跟自己没有什么利益冲突的，凡事都去计较实在是浪费时间，同时也显得没有肚量，不仅容易搞糟自己的情绪，也容易破坏人与人之间的关系，甚而影响自己的前程。

"水至清则无鱼，人至察则无徒"，太认真了，就会对什么都看不惯，连一个朋友都容不下，把自己同社会隔绝开。镜子很平，但在高倍放大镜下，就呈凹凸不平的山峦状；肉眼看着干净的东西，拿到显微镜下，满目都是细菌。试想，如果我们带着放大镜、显微镜生活，恐怕连饭都不敢吃了。如果用放大镜去看别人的毛病，恐怕看谁都觉得不可救药。

人非圣贤，孰能无过。与人相处就要互相谅解，经常以"难得糊涂"自勉，求大同存小异，有度量，能容人，你就会有许多朋友，且左右逢源，诸事遂愿；相反，"明察秋毫"，眼里不容半粒沙子，过分挑剔，什么鸡毛蒜皮的小事都要论个是非曲直，容不得人，人家就会躲你远远的。最后，你只能关起门来"称孤道寡"，成为使人避之唯恐不及的异类。古今中外，凡霸气的人都具有一种优秀的品质，就是能容人所不能容，忍人所不能忍，善于求大同存小异，团结大多数人，他们极有胸怀，豁达而不拘小节，大处着眼而不会目光短浅，从不斤斤计较，不纠缠于非原则的琐事，所以他们才能成大事、立大业，使自己成为不平凡的伟人。

不过，要真正做到不较真、能容人，也不是简单的事，需要有良好的修养，需要有善解人意的思维方法，需要从对方的角度设身处地考虑和处理问题。多一点儿体谅和理解，就会多一些宽容，多一些和谐，多一些友谊。比如，有些人一旦做了官，便容不得下属出半点毛病，动辄捶胸顿足，横眉立目，属下畏之如虎，时间久了，必积怨成仇。想一想，天下的事并不是你一人所能包揽的，何必因一点点毛病便与人斗气呢？

还有在公共场所遇到不顺心的事，也不值得生气。素不相识的人冒犯你肯定是别有原因的，不知哪一种烦心事使他这一天情绪恶劣，行为失控，正巧让你赶上了，只要不是侮辱了你的人格，你就应宽大为怀，不以为意，或以柔克刚，晓之以理。总之，不能与这位与你原本无仇无冤的人瞪着眼睛较劲。假如较起真儿来，大动肝火，刀对刀、枪对枪地干起来，酿出个什么后果，那就犯不上了。跟萍水相逢的陌路人较真儿，实在不是聪明人做的事。对方的冒犯从某种程度上是在发泄和转嫁痛苦，虽说我们没有分摊他痛苦的义务，但客观上实际是帮助了他，无形之中做了件善事。这样一想，心态就平和了。

清官难断家务事，在家里更不要较真，否则你就愚不可及。与老婆孩子之间哪有什么原则、立场的大是大非问题，都是一家人，非要用"阶级斗争"的眼光看问题，分出个对和错来，又有什么用呢？人在单位、在社会上充当着各种各样的规范化角色，如恪尽职守的国家公务员、精明体面的商人，还有广大工人、职员，但一回到家里，脱去西装革履，也就是脱掉了你所扮演的这一角色的"行头"，即社会对这一角色的规矩和种种要求、束缚，还原了你的本来面目，使你尽可能地享受天伦之乐。假如你在家里还跟在社会上一样认真、一样循规蹈矩，每说一句话、每做一件事还要考虑对错、妥否，顾忌影响、后果，掂量再三，那不仅可笑，也太累了。头脑一定要清楚，在家里你就是丈夫、就是妻子。所以，处理家庭琐事要采取"绥靖"政策，安抚为主，大事化小，小事化了，和稀泥，当个笑口常开的和事佬。

掌握说话的艺术

"病从口入，祸从口出。"这是一句人尽皆知的老话了。

人的祸患很多时候都是由嘴巴造成的。人们在说话的过程中要么得罪了人，要么是让别人看不起自己。遵从愚道的人往往会控制好自己的嘴巴，不会口无遮拦。

口无遮拦是个大毛病，很多人为了图一时口快，往往将不该说的话说了出来。人脑的运转速度往往要快过嘴巴。有些人往往会说哪些该说，哪些不该说，其实我也不知道。嘴快的人还会说，谁说我不知道，不就是……说到这里他自己就会后悔。这些口无遮拦的人往往是没有心机的，而且对别人戒备心也不是太强，往往有些喜欢争强好胜。有些人往往懂得用激将法来获取别人的秘密，这种手段虽然卑劣，但是屡试不爽。其实自己应该反思一下，把不该说的话说出来不过是一时口快，但是说出来以后，自己却要背负沉重的心理负担。既然是这样，在一开始就应该有很强烈的出言谨慎的意识。然而这世界上确实有些让人防不胜防，有些人会使用各种手段来套取别人不该说的话，对付这样的人，最简单的办法就是不再搭理他，根本就不跟他搭腔。

在我们身边，说话尖酸刻薄的人并不少见。这类人中有的人其实是"豆腐心"，只是管不住自己开合的嘴，让刀子从嘴里一把一把地飞出来。为什么要字字句句直逼对方的要害呢？是为了突出自己的伶牙俐齿，还是为了显示自己的权威？

尖酸刻薄的话，伤在人的心上，是看不见的暗伤。看得见的明伤好治疗，看不见的暗伤难痊愈。嘴上损人只需一句话，别人记恨或许是一辈子。一个尖酸刻薄、处处树敌、遭人记恨的人，我们很难想象他会与成功和幸福有缘。

一则法国谚语说："语言造成的伤害比刺刀造成的伤害更让大家感到可怕。"布雷姆夫人在其《家》一书中说："老天爷禁止我们说那些使人伤心痛肺的话，有些话语甚至比锋利的刀剑更伤人心；有些话语则使人一辈子都感到伤心痛肺。"

此外，还有些人喜欢在他人面前展示自己的"才华"，于是便喜欢上了抬杠，凡事都要与他人争个高低，分出个胜负，目的是让别人知道自己的智慧有多高，显示自己是个多么有想法、有创意的人。

这种人只要一搭上话题，马上针锋相对，不管别人说什么，他们总要予以反驳。当你说"是"时，他们一定要说"否"；当你说"否"的时候，他们又说"是"。总之，事事都要出风头，时时都想显示自己。实际上，这样的人并不一定才华横溢，很可能是胸无点墨、脑袋空空、没有主见的人。

与人抬杠争风的做法，并不是智者所为。凡事都想抢占上风的人，在与人抬杠时，总摆出一副不把别人逼进死胡同誓不罢休的架势，他们的下场不用说大家也清楚。

喜欢抬杠的人，不知道你们有没有想过，你与人抬杠时，自己的虚荣心得到了满足，但别人会是怎样的感受呢？喜欢抬杠的人大都没有意识到这一点。

生活中，与人抬杠争风的人，在别人眼里只是个跳梁小丑，难成什么大器。在工作中，这种不良习惯也会使你与同事产生隔阂，没人愿意给你提好的意见或建议。原本是好人的你，一旦不幸染上抬杠的坏毛病，朋友、同事都将远离你。

那么如何才能做一个不与人抬杠的聪明人呢？其实方法很简单。

　　如果你与别人只是闲谈，要明白对方根本不是来听你说教的，只是想娱乐一番罢了。倘若这时你自作聪明，一定要拿出自己对话题的"高见"与对方抬杠，相信任何人都不会接受的。所以，你千万不能时刻摆出教训人的架势与他人抬杠，即使他人的看法是错误的也要佯装赞同，因为那只不过是为了娱乐而已。

　　抬杠争风伤人又不利己，因此在他人面前不要显摆自己，应该虚心请教他人的意见建议，人长处为己所用，完善自己的看法，如此一来，既尊重了别人，又充实了自己，可谓一举两得。

　　那些霸气的人在说话方面也如同在任何其他方面一样，总是注意自我克制，总是避免心直口快、尖酸刻薄，绝不能以伤人感情为代价而逞一时口舌之快。比如，有的人在工作中看到别人干活不好时，他不会在旁边指手画脚，说三道四，更不会把别人撵走，显示他的才干，而是很客气地说："我试试看怎么样?"这样说了，即使在接下来的工作中干不好也不会丢面子；如果干得好，即使别人嘴里不说，心里也会佩服他。尤其是他没伤别人的面子，又替别人干好了活儿，别人于是从心底里认为这个人"够意思"，做人稳重，扎实，又有真本事。

　　良言一句三冬暖，恶语几字六月寒。某高僧在给其弟子的一封信中写道："祸从口出而使人身败名裂，福从心出而使人生色增光。"它的意思是：有时说话的人并无恶意，但对听者而言，却可能是伤及其自尊心的恶语，所以劝世人，说话应谨慎，只说该说的话。

　　说话有分寸，则让人高兴；说话无遮拦，只会让人伤心。一句话就是同一个意思，出自两个人之口，听起来也有区别。你自己信口开河，根本意识不到会伤害他人，但别人认为你是有意的，俗话说"口乃心之门"，你明显是故意伤害他。

马克·吐温曾说，我可以靠别人对我说的一句好话，快活上两个月——这是极有意思的。其实，你我又何尝不是如此呢？既然我们的一句好话，就可能暖人心田，赢得人心，那么我们何不一试呢？须知，这也是在帮助我们自己啊！

接纳他人的批评建议

忠言逆耳利于行——这句话历代被引为圭臬，似乎只要出发点是好的，忠言逆耳很正常，甚至于认为忠言就该逆耳否则就不是忠言了。

《菜根谭》中有云：攻人之恶毋太严，要思其堪受；教人之善毋过高，当使其可从。意为责备别人过错的时候，千万不要过于严厉，要学会顾及对方是否能够承受；教诲别人行善的时候，也不要有太高的期望，而要顾及对方能否做到。

为什么忠言必须逆耳呢？历史上有很多大臣都因为进忠言而被国君所杀，后世人虽然称赞他们是忠臣，那些君王也被称为昏君，但这其实和忠言逆耳并没有必然的联系，人们常常用良药苦口来形容忠言逆耳。可是良药有时也可以不苦口，只不过多放一些糖而已。

一般人，即使是千古名君，比如唐太宗，大都是不喜欢听逆耳的忠言的。唐太宗有一回怒气冲冲地回到后宫说要杀了那个种田的，长孙皇后明白他要杀魏徵，她知道肯定是魏徵又因为直言劝谏惹恼了唐太宗。于是她穿着十分正式的服装来向唐太宗恭贺他有个诤臣。唐太宗这个时候怒气才消。试想如果没有长孙皇后"不逆耳"的劝谏，唐太宗一怒之下真有可能把魏徵给杀了。像唐太宗这样的名君，都很难忍受逆耳的忠言，可想其他人该是如何看待逆耳忠言了。

其实，几乎是所有人在有些时候可能会听得进逆耳的忠言，但绝不会一直喜欢听逆耳的忠言。人们之所以不喜欢听逆耳的忠言，其主要原因在以下四个方面：

首先，没有人喜欢听逆耳的话。试想如果一个陌生人对你说了逆耳的话，你会怎么反应，肯定是认为他要么在挖苦讥讽，要么是在寻衅滋事。也许人家是真有一片好心，但是一般人对陌生人都有防范心理，觉得陌生人不可能没有任何企图就献好心。倘若这个陌生人后来成了你的朋友，你也比较信赖他，如果一两次逆耳忠言你也许听得进去，但是忠言如果都是同样逆耳的话，你仍然会觉得他看不起你，自然会慢慢疏远他。

其次，一般人最需要的是鼓励，而不一定都是忠告。如果你想保持和朋友之间亲密的关系，那就最好不要用逆耳的方式多说忠言，也不要看不起那些经常说你朋友好话的人。忠言即使逆耳也只能在关键时刻说。有些人有说逆耳忠言的癖好，认为自己确实是在为朋友着想才这么说话。但是他们忽略了一个事实，这个世界上很多人内心都很自卑，即使是那些十分成功的人，逆耳的忠言可能让他们的自卑情结进一步加深。他们此时需要的是鼓励，而不是忠言，更何况还那么逆耳。很多逆耳的忠言此时就是一种十分无情的打击，这样做不失去朋友才怪。

再次，每个人往往都有自己的主张。同样看待一件事情，从不同的角度来看会有不同的结果。别人做出一个决定，自然是他认为这个决定能够得到最大的效益于是才做出的。在这个时候如果你给他提意见，公开反对这个决定，别人往往会很不开心。虽然他明白你可能是为了他好，但他同样可能会生气。高明的人也许会做个样子，会对给他的建议和主张表示感谢，在这个时候就要见好就收，而不要反复提忠言。忠言太多，别人会觉得你在干扰他的决策，毕竟人家觉得自己做出了这个决定是经过十分谨慎和细致思考的，而不是一拍脑袋就想出来的。

最后，能出主意的人太多，自诩自己能出主意的人更多。这些话如果非让别人都听进去的话，那么这个人也就成为了处理信息的机器，而没有了自己的主张。每一个人都应该有自己的主张，也应该有自己的想法，而且也会利用自己手中掌握的权力来贯彻自己的想法。过多地干涉别人的决策，别人当然不高兴。有些人看到别人偶尔采纳了自己的一条意见，就总是继续给别人提意见。殊不知，别人偶尔采纳只不过是意思意思而已，是不想让提意见的人失望罢了。如果硬要反复提的话，总有一天别人会不耐烦的。

我们一定要明白一个道理：忠言并不一定要逆耳。有很多人在说到忠言的时候往往不知道变通，不知道语言艺术，不知道用十分委婉的方法将自己的主张表达出来，结果呢，忠言往往惹怒了别人，而自己还怪别人不能听进忠言。

忠言经过"加糖"，所以别人爱听，喜欢听自然会采纳。有些人似乎认为忠言不逆耳就不够力度，于是总是添油加醋说些很刺耳的话，说什么如果不这样做的话，一切将变得如何如何不可收拾。我们小时候听到过这样的"忠言"大都是来自我们的长辈，诸如"你不好好学习就考不上大学"一类的话，多得简直数不胜数。

如果忠言确实是杯苦药，那么千万要记得多加点糖。只要目的达到，多加点糖并不是什么损失。千万不要将做人的原则和迂腐的观念拿来说事，那样做很容易得罪人。就如同说真话固然重要，但是也要注意表达方式，表达方式错了，真话也没有人愿意听。

让他三分又何妨

不知你有没有发现：人们看自己的过错，往往不如看别人那样苛刻。原因当然是多方面的，其中主要原因可能是我们对自己犯错误的来龙去脉了解得很清楚，因此对于自己的过错也就比较容易原谅；而对于别人的过错，因为很难了解事情的方方面面，所以比较难找到原谅的理由。

大多数人在评判自己和他人时不自觉地用了两套标准。例如，如果我们发现了旁人说谎，我们的谴责会是何等严酷，可是哪一个人能说他自己从没说过一次谎？也许还不止一百次呢！

或许是生活中有太多需要忍耐的不如意：被老板骂了，被妻子怨了，被儿子气了……这些都似需要无条件忍耐。有的人忍一忍，气就消了；有的人忍耐久了，心中的不平之气就如堤内的水位一样节节攀升。对于后者来说，一旦逮得一个合理的宣泄口，心中的怒气极易如洪水决堤般汹涌而出，还美其名曰："理直气壮"。

做人要学会给人留下台阶，这也是为自己留下一条后路。每个人的智慧、经验、价值观、生活背景都不相同，因此在与人相处时，相互间的冲突和争斗难免——不管是利益上的争斗还是非利益上的争斗。

大部分人一陷身于争斗的漩涡，便不由自主地焦躁起来，一方面为了面子，一方面为了利益，因此一旦自己得了"理"便不饶人，非逼得对方鸣金收兵或竖白旗投降不可。然而"得理不饶人"虽然让你吹着胜利的号角，但这也是下次争斗的前奏，因为这对"战败"的一方而言也是一种面子和利益之争，他当然要伺机"讨要"回来。

有一位哲人说过这么一句引人深思的话："航行中有一条公认的规则，操纵灵敏的船应该给不太灵敏的船让道。我认为，人与人之间的冲突与碰撞也应遵循这一规则。"

最容易步入"得理不让人"误区的，是在能力、财力、势力上都明显优于对方时，也就是说你完全有本事干净利落地收拾对方。这时，你更应该偃旗息鼓、适可而止。因为，以强欺弱，并不是光彩的行为，即使你把对方赶尽杀绝了，在别人眼中你也不是个胜利者，而是一个无情无义之徒。

《菜根谭》中说："锄奸杜佞，要放他一条生路。若使之一无所容，譬如塞鼠穴者，一切去路都塞尽，则一切好物俱咬破矣。"所谓"狗急跳墙"，将对方紧迫不舍的结果，必然招致对方不顾一切地反击，最终吃亏的还是自己，这也算是一种让步的智慧吧。

第四章　沉着冷静，见招拆招

　　每临大事有静气，不信今时无古贤。自古以来的霸气之人，越是遇到惊天动地的事，越能心静如水，沉着应对。

　　静气，是一种大器，一种勇敢，一种担当。诸葛亮给他儿子的信中说："夫君子之行，静以修身，俭以养德，非淡泊无以明志，非宁静无以致远。夫学须静也，才须学也。非学无以广才，非志无以成学。"诸葛亮一生的体会，今天读来，还是令人深省。在紧急时刻，临危不乱、处变不惊，以高度的镇定，冷静地分析形势，这才是明智之举。

变则通，通则久

《周易·系辞下》有云：穷则变，变则通，通则久。意思是事物到了尽头就会发生变化，变化就能通达，通达了就能长久。区区的九个字，却包含了无穷的智慧。任何事物都有一个发生、发展、衰落的过程，大到国家社会、小到个人都是这样。在事物发展到衰落阶段时，就要寻求变化以谋出路。如果一味坚持原来的旧规矩而不思变化，只能僵化致死；反之，如果能适应环境的变化而改变策略，革故鼎新，就能立于不败之地。

以不断变通的思想要求自己，让自己不断探寻新的思路，就可以突破原有的成就，将自己提升到另一个高度，创造出新的辉煌。

法国贝纳德古·塔兹做邮购唱片生意，一干就是 10 年，尽管他很努力，但仍旧两手空空。塔兹想："总跟在别人后面跑，不是办法啊！为什么不另起炉灶，走一条自己的路呢？"于是他下定决心向其他同行不愿意涉足的领域进军。

市内的艺术馆保留了许多欧洲中世纪的风琴音乐作品，其中很大一部分与宗教艺术有关，却很少有人问津。塔兹尝试着制作了这一类作品的唱片，投放市场后，备受老年顾客和外国游客的青睐，因此他大受鼓舞。于是塔兹就地取材，把开发"稀有曲目"作为自己的经营方向。

在经营过程中，塔兹本着不搞噱头，曲目和录音都以追求品质为首要任务的方针开展生意，结果不但扩大了业务，还挖掘了许多"冷僻乐曲"，挽救了不少面临失传的"宗教音乐资产"。到如今，塔兹在欧美的 6 个国家设有分公司，本人也获得了"唱片大王"的美称。

　　沃尔伍兹是一家五金商行的小职员，他只想当一名称职的员工。当时他们的商店积压了一大堆卖不出去的过时产品，这让老板十分烦心。沃尔伍兹看到这些产品，顿时产生了一个新的想法，他想如果把这些东西标价便宜一些，让大家各取所需自行选择，肯定会有好的销路。

　　他对老板说："我可以帮您卖掉那些东西。"老板听了他的主意后同意了。于是他在店内摆起了一张大台子，将那些卖不出去的物品都拿出去，每样都标价 10 美分，让顾客自己选择自己喜欢的商品，这些东西很快就销售一空。后来他的老板又从仓库里寻找一些积压多年的物品放在这张台子上，也都很快销售一空。

　　于是沃尔伍兹建议将他的新点子应用在店内的所有商品上，但他的老板害怕此举用于新产品会给他的生意带来损失，因此拒绝了他的建议。于是沃尔伍兹用自己的想法来独立创业！

　　沃尔伍兹找来了合伙人，经过努力他很快就在全国建立起多家销售连锁店，赚取了大量的利润。他的前老板后悔地说："我当初拒绝他的建议时所说的每一字，都使我失去了一个赚到 100 万元的机会。"

　　上面的那些故事告诉了我们这样一个道理：人活一世，生存环境不断变迁，各种事情接踵而来，因循守旧、不知变通是无论如何都行不通的。生活中有一些人总是失败，就是因为他们顽固不化、按图索骥、墨守成规，不会变通，从而把自己的道路堵死，结果导致自己寸步难行。其实一些旧思想、旧规矩都是可以打破的，只要我们做事变通而不反常规，灵活而不违原则，这样就能符合时代的变迁和社会的发展。

　　在这个复杂多变的社会，只有随机应变、机灵通达才能让我们立足于世，并且生活得越来越好。

迂回前进为大智

一次从城东乘出租车去城西参加一个重要会议。因为时间较紧，我嘱咐司机找一条最快的路。"那么，只有走小路了，不过要绕多一点距离。"我奇怪地问为什么走小路比大路更快。司机说："现在是上班时间，大路上的私家车和大巴很拥挤，因此要想快的话最好是绕一点的小路，因为小路车少不堵反而会更快一点。"司机的话给我上了一场人生哲理课。

鲁迅先生曾说过："其实地上本没有路，走的人多了，也便成了路。"而世间之路又有千千万万，综而观之不外乎两类：直路和弯路。

毫无疑问，人们都愿走直路，沐浴着和煦的微风，踏着轻快的步伐，踩着平坦的路面，这无疑是一种享受。相反，没有人乐意去走弯路，在一般人眼里弯路曲折艰险而又浪费时间。然而，人生的旅程中是弯路居多，山路弯弯，水路弯弯，人生之路亦弯弯，所以喜欢走直路的人要学会绕道而行。

学会绕道而行，迂回前进，适用于生活中的许多领域。比如当你用一种方法思考一个问题和做一件事情时，如果遇到思路被堵塞之时，不妨另用他法，换个角度思索，换种方法重做，也许你就会茅塞顿开，豁然开朗，有种"山重水复疑无路，柳暗花明又一村"的感觉。

在一次欧洲篮球锦标赛上，保加利亚队与捷克斯洛伐克队相遇。当比赛只剩下8秒钟时，保加利亚队仅以2分优势领先，按一般比赛规则说来已稳操胜券，但是，那次锦标赛采用的是循环制，保加利亚队必须赢球超过5分才能取胜。可要用仅剩的8秒钟再赢 3 分绝非易事。

这时，保加利亚队的教练突然请求暂停。当时许多人认为保加利亚队大势已去，被淘汰是不可避免的，该队教练即使有回天之力，也很难力挽狂澜。然而等到暂停结束比赛继续进行时，球场上出现了一件令众人意想不到的事情：只见保加利亚队拿球的队员突然运球向自家篮下跑去，并迅速起跳投篮，球应声入网。这时，全场观众目瞪口呆，而全场比赛结束的时间到了。但是，当裁判员宣布双方打成平局需要加时赛时，大家才恍然大悟。保加利亚队这一出人意料之举，为自己创造了一次起死回生的机会。加时赛的结果是保加利亚队赢了 6 分，如愿以偿地出线了。

如果保加利亚队坚持以常规打完全场比赛，是绝对无法获得真正的胜利的，而往自家篮下投球这一招，颇有迂回前进之妙。在一般情况下，按常规办事并不错，但是，当常规已经不适应变化了的新情况时，就应解放思想，打破常规，善于创新，另辟蹊径。只有这样，才可能化腐朽为神奇，在似乎绝望的困境中寻找到希望，创造出新的生机，取得出人意料的胜利。

当我们在生活中遇到走到路的尽头，无路可走的情况时，回过头来，绕道而行便可以找到一条新路，所以世上只有死路没有绝路，而我们之所以往往会感到面对"绝路"，那是因为我们自己把路给走绝了，或者说我们的目光短浅、思路狭隘，缺乏"绕道"迂回的意识。

《孙子兵法》中说："军急之难者，以迂为直，以患为利。故迂其途，而诱之以利，后人发，先人至，此知迂直之计者也，"这段话的意思是说，军事战争中遇到最难处理的局面时，可把迂回的弯路当成直路，把灾祸变成对自己有利的形势。也就是说，在与敌的争战中迂回绕路前进，往往可以在比敌方出发晚的情况下，先于敌方到达目的地。

在逆境当中，我们也应有迂回前进的概念，凡事不妨换个角度和思路多想想。世上没有绝对的直路，也没有绝对的弯路。关键是看你怎么走，怎么把弯路走成直路。有了绕道而行的技巧和本领，弯路也成了直路了。

学会绕道而行，拨开层层云雾，便可见明媚阳光。也许你曾经奋斗过，也许你曾经追求过，但你认定的路上红灯却频频亮起。在你焦急无奈，恨天怨地时，不如绕道而行！

绕道而行，并不意味着你面对人生的逆境望而却步，也并不意味着放弃，而是在审时度势。绕道而行，不仅是一种生活方法，更是一种豁达和乐观的生活态度和灵活应变的处事理念。大路车多走小路，小路人多爬山坡，以豁达的心态面对生活，敢于和善于走自己的路，这样你永远不会是一个失败者，而是一个勇于开拓的创新者。

此路不通彼路通

根据经典的相反趋势理论，人在最绝望的时候，孕育的正是反向思维的最佳机会。身临绝地，按常规出牌，往往将必败无疑，若能独辟蹊径，定能起死回生。

从前，有位商人和他长大成人的儿子一起出海远行。他们随身带上了满满一箱子珠宝，准备在旅途中卖掉，他们没有向任何人透露过这一秘密。一天，商人偶然听到了水手们在交头接耳。原来，他们已经发现了他的珠宝，并且正在策划着谋害他们父子俩，以掠夺这些珠宝。

商人听了之后吓得要命，他在自己的小屋内踱来踱去，试图想出个摆脱困境的办法。儿子问他出了什么事情，父亲于是把听到的全告诉了他。

"同他们拼了！"年轻人断然道。

"不，"父亲回答说，"他们会制服我们的！"

"那把珠宝交给他们？"

"也不行，他们还会杀人灭口的。"

过了一会儿，商人怒气冲冲地冲上了甲板，"你这个笨蛋！"他冲儿子喊道，"你从来不听我的忠告！"

"老头子！"儿子也同样大声地说，"你说不出一句让我中听的话！"

当父子俩开始互相谩骂的时候，水手们好奇地聚集到周围，看着商人冲向他的小屋，拖出了他的珠宝箱。"忘恩负义的家伙！"商人尖叫道，"我宁肯死于贫困也不会让你继承我的财富！"说完这些话，他打开了珠宝箱，水手们看到这么多的珠宝时都倒吸了口凉气。而商人又冲向了栏杆，在别人阻拦他之前将他的宝物全都投入了大海。

又过了一会儿，父与子都目不转睛地注视着那只空箱子，然后两人躺倒在一起，为他们所干的事而哭泣不止，后来，当他们单独一起待在船舱里时，父亲说："我们只能这样做，孩子，再没有其他的办法可以救我们的命了！"

"是的，"儿子答道，"您这个法子是最好的了。"

轮船驶进了码头后，商人同他的儿子匆匆忙忙地赶到了城市的地方法官那里。他们指控了水手们的海盗行为和犯了企图谋杀罪，法官派人逮捕了那些水手。法官问水手们是否看到老人把他的珠宝投入了大海，水手们都一致说看到过。法官于是判决他们都有罪。法官问道："什么人会弃掉他一生的积蓄而不顾呢，只有当他面临生命的危险时才会这样去做吧？"水手们听了羞愧得表示愿意赔偿商人的珠宝，法官因此饶了他们的性命。

故事中这个久经商场磨炼的商人见识确实高人一筹，而这种绝处求生的应变智慧，使他和儿子既保住了命，又使钱财失而复得。

"山重水复疑无路，柳暗花明又一村"，人有逆天之处，但天无绝人之路。生活中，不管我们遇到什么样的艰难险阻，也不要轻言放弃。只要我们善于抓住这些转瞬即逝的机遇，就能转危为安，重新扬起希望的风帆。

一场火灾烧毁了保罗祖上传下来的一座美丽的森林庄园，伤心的保罗想贷款重新种上树，恢复原貌，可是银行拒绝了他的贷款申请。一天，他出门散步，看到许多人排队购买木炭。保罗忽然眼前一亮，他雇了几个炭工，把庄园里烧焦的树木加工成优质木炭，分装成 1000 箱，送到集市上的木炭分销店。结果，那1000 箱的木炭没多久便被抢购一空。这样保罗便从分销商手里拿到了卖木炭得来的一笔数目不小的钱。在第二年春天保罗又购买了一大批树苗，终于让他的森林庄园重新绿浪滚滚。一场森林大火，免费为保罗烧出了上等的木炭！

天灾人祸往往不可预知、无法避免，遇到这样的困难，是对我们生命的考验。保罗处变不惊，沉着应对，化解了危机。在经受挫折的时候，我们也应像保罗一样调整好心态，保持清醒的头脑。坦然面对危机，在绝望之中找到另一种前进的动力。切记，如果面对危机自己乱了阵脚，不但找不到新的出路，而且还容易做出错误的决策，造成更大的损失。

当然，不是任何危机都可以利用，都能收到意外的收获。但是，如果我们能善于把握时机，沉着面对困境，就能把危机造成的损失降低到最低限度。

100多年前，一个20多岁的犹太人随着淘金人流来到美国加州，这个犹太人就是日后闻名遐迩的"牛仔裤之父"李威·斯达斯。他看见这里的淘金者人如潮涌，心想如果自己也参与进去，未必就能捞到多少油水。于是灵机一动，想靠做一些生意赚这些淘金者的钱。他开了间专营淘金用品的杂货店，经营镬头、做帐篷用的帆布等，前来光顾的人不少。

一天，有位顾客对他说："我们淘金者每天不停地挖，裤子损坏特别快，如果有一种结实耐磨的布料做成的裤子，一定会很受欢迎的。"

李威抓住了顾客的需求，凭着生意人的精明，开始了他的牛仔裤生涯。刚开始时，李威把他做帐篷的帆布加工成短裤出售，果然畅销，采购者蜂拥而来。李威靠此发了大财。

首战告捷，李威马不停蹄继续研制。他细心观察矿工的生活和工作特点，千方百计改进和提高产品的质量，设法满足消费者的需求。考虑到帮助矿工防止蚊虫叮咬，他将短裤改为长裤；又为了使裤袋不致在矿工放样品进去时裂开，特将裤子臀部的口袋由缝制改为用金属钉钉牢；又在裤子的不同部位多加了两个口袋。这些点子都是在仔细观察淘金者的劳动和需求的过程中，不断地捕捉到并加以实施的，使牛仔裤日益受到淘金者的欢迎，销路日广。

牛仔裤的式样尽管受到广大矿工和青年人的热烈欢迎，但能否打入城市？还是未知数。

经过一次城市销售的失败之后，李威根据分析结果，对症下药，认为上层社会排斥牛仔裤的原因，主要是因为它来自社会的下层，对上流人士是一种触犯。为此，李威利用各种媒介大力宣传牛仔裤的美观、舒适，是最佳装束，甚至把它说成是一种牛仔裤文化。这些铺天盖地的宣传，把对牛仔裤"庸俗""下流"的斥责打得落败而逃。于是，牛仔裤在各阶层中牢牢地站稳了脚跟，并在美国市场上纵横驰骋，继而冲出国界风靡全球。

在美国加州淘金热潮中，不靠淘金而经营别的营生并成功致富的有很多例子。同李威·斯达斯一样，17岁的小农夫亚默尔也加入了这支庞大的寻金热队伍。他历尽千辛万苦赶到加州，经过一段时间，他同大多数人一样没有挖到一两金子。

淘金梦是美丽的，山谷中艰苦的生活却令淘金者难以忍受。特别是当地气候干燥、水源奇缺，寻找金矿的人最痛苦的是没有水喝。许多人一面寻找金矿，一面不停地抱怨。

一个淘金者说："谁能让我痛饮一顿，我宁愿给他一块金币。"另一个说："谁给我喝一壶凉水，我情愿给他两块金币。"还有一个人跟着发誓说："老子出三块金币。"

在一旁的亚默尔见这些人发完牢骚又继续埋头挖掘起金矿来，自己慢慢停住了手中的铁锹。他想：如果我把水卖给这些人喝，也许比挖金矿能更快赚到钱。于是，亚默尔毅然放弃找金矿，将手中挖金矿的铁锹变为挖水渠的工具，从远方将河水引入水池，经过细沙过滤，成为清凉可口的饮用水，然后将水装在桶里，运到山谷一壶一壶地卖给找金矿的人。

当时，有人嘲笑亚默尔，说他胸无大志，他们似乎都没有细想亚默尔选择的出发点。亚默尔毫不介意，继续卖他的饮用水。结果，许多人深入宝山空手而回，有些人甚至忍饥挨饿流落异乡，而亚默尔却在很短的时间内靠卖水赚到了6000美元，这在当时可是一笔十分可观的财富呀。

阳光普照大地，万物生机勃勃。可以说，只要有人的地方就有了赚钱的机会。寻找、发现并最终抓住这种机会，使你所做的正是大多数人所需要却没有人去做的，这就是与众不同，你就是一个高明的成功者。

许多人在逆境的泥泞中，虽穷尽心力，但终究得不到幸运女神的青睐，对于这种人，最好的劝导就是让他另辟蹊径。

打破常规，不拘小节

孔子的弟子子路武功不错，他在和敌人决斗的时候，一不小心把系帽子的绳子弄断了。子路想到老师告诉他君子的帽子不能戴歪，于是放下武器，把帽子扶正，结果瞬间敌人围了上来，一刀把他杀死了。

对于子路来说，在决斗的时候，最根本的是他错误地理解老师的原话，而对于他来说，最重要的一点是他要遵从老师教给他的"礼"。在这种关键时刻死板地选择了礼，而不是变通一点，先确保生存，结果给后世留下了笑柄。

人在非常时期，需要非常之法，只要不违背律法及大节，不拘小节是可行的。

就是堪称百世之师的孔子，也不拘泥于死板教条中。孔子居住在陈国，离开陈国到蒲国去。这时正好公叔氏在蒲国叛乱，蒲人挡住孔子对他说道："你如果不到卫国去，我们就把你送出去。"于是，孔子就和蒲人盟誓绝不到卫国去。为此，蒲人把孔子送出东门。可是，出了东门，孔子就径直向卫国走去。子贡不理解地问道："盟约也可以违背吗？"孔子答道："这是被迫订的盟约神灵是不会承认的。"

可以看出，对孔子说来，在特殊的情况下只要能够到达卫国，你提出什么条件我都可以答应，说假话也在所不辞！这就叫不能死心眼儿！看来，子路与老师孔子相比，还是有一定差距。

张毅做同州观察判官时，朝廷命他制兵器以供边关作战用。一次，朝廷急令征十万支箭，并限定必须用雕雁的羽毛做箭羽。这种鸟羽较为稀少且价格昂贵，一时难以购得。张毅问节度使：

"箭是射出去的东西，什么羽不行？"节度使说："改变箭羽应该向朝廷报告，请求批示。"张毂说："我们这里离京城两千多里路，而边关又急需用箭，这怎么来得及呢？如果朝廷怪罪下来，本官承担一切责任！"于是启用其他羽毛造箭，不仅降低了几倍购羽的开支，还按时完成了造箭的任务。

后来，朝廷非常赞赏张毂的做法。

张毂和孔子的行为特点，都可称之为随机应变。但他们所面对的外界环境，并不是白驹过隙稍纵即逝，相对而言，还有一点儿时间用来观察和思考，为此，只要善于进行理性分析判断并且不"死心眼"，就可以做到。

有些时候，外界环境的变化极其迅速，特别突然，令人猝不及防。究竟应做出什么样的反应才是合适的，几乎来不及思考。这时的举措言行，大多依赖直觉和灵感。

春秋时期，有这样一段故事。齐国国君的大公子纠在鲁国，二公子小白在莒国。后来听说国君死了，齐国无君，公子纠和公子小白一齐归返齐国，碰巧同时赶到，争先而入。辅佐公子纠的管仲开弓放箭欲杀公子小白，但没射中公子小白，射中了钩。这时，辅佐公子小白的大臣鲍叔灵机一动，马上让小白倒下装死，躺在车中。管仲以为公子小白已被射死，便告诉公子纠说："你可以安稳地坐上国君的宝座了，公子小白已经死了。"这时，鲍叔抓紧时间，立刻驱车最先赶入齐国。于是，公子小白当了国君。

冯梦龙先生在评价这段故事时说："鲍叔的应变能力真厉害，其心术的运用像疾飞的箭头一样快！"

相传北宁史学家司马光，童年时代就常常表现得聪敏过人。有一天，司马光和许多小伙伴一起在一个大花园中玩耍，有一个小孩在爬假山时，脚下一滑，跌进了假山下的一口盛满水的大花

缸里。别的孩子一见，个个惊慌失措，呼叫着四散而逃，有的想
着去找绳索，有的想去叫大人来。司马光知道时间紧迫，已经不
容拖延，他灵机一动，搬起大花缸旁边的一块大石头，狠命地向
大花缸砸了过去。水缸被砸破了，顿时，水哗哗地流了出来。等
到绳索拿来，大人赶来时，落水孩子早已得救了。

　　按照通常的办法，小孩落水，其他小孩应该马上通知大人前
来营救，而司马光却一反常规，用砸缸救人的办法救出了伙伴。
因为根据当时的情况，首先在场的小孩们不能立刻从大花缸里抱
起落水的孩子，其次通知大人前来营救延误时间可能会造成不可
挽回的悲剧。所以司马光采取这种救人的方法是最可取的。

　　打破常规思维，从另外的角度进行思考，或者将问题颠倒过
来看一看，往往能够柳暗花明见新天。这种事例在日常生活和工
作中有很多，由于这种思维方式灵活多变，能出奇制胜，所以往
往能取得意想不到的成功。

　　能不能随着外界的变化及时调整主体行为，以维护主体自身
的利益，这是聪明和愚蠢的分野之一。不管具体情况如何，抱着
既定的条条框框，不思修正变革，"一条道儿跑到黑"，这是蠢人
的做法；以主体利益为核心，以外界环境的变化为参数，本着灵
活机动、具体问题具体分析的原则，进退自如，取舍随机，这是
聪明之为。

临危不乱，正确决策

大部分人在危急时刻会手忙脚乱、不知所措，而霸气的人总是能临危不乱，沉着冷静理智地应对危局。所以能这样，是因为他们能够冷静地观察问题，在冷静中寻找出解决问题的突破口。可见，让发热的大脑冷却下来对解决问题是何等重要。

思考决定行动的方向。那些成大事的霸气的人，都是正确思考的决策者。正确的判断是成大事者一个经常需要训练的素养。为什么呢？因为没有正确的判断，就会面临更多的失败和危急关头。在失败和危急关头保持冷静是很重要的。在平常状况下，大部分人都能控制自己，也能做正确的决定。但是，一旦事态紧急，他们就自乱脚步，无法把持自己。

一位空军飞行员说："二次大战期间，我独自担任 F6 战斗机的驾驶员。头一次任务是轰炸、扫射东京湾。从航空母舰起飞后一直保持高空飞行，然后再以俯冲的姿态滑落至目的地的上空执行任务。"

"然而，正当我以雷霆万钧的姿态俯冲时，飞机左翼被敌军击中，顿时翻转过来，并急速下坠。"

"我发现海洋竟然在我的头顶。你知道是什么东西救我一命的吗？"

"我接受训练期间，教官会一再叮咛说，在紧急状况中要沉着应付，切勿轻举妄动。飞机下坠时我就只记得这么一句话，因此，我什么机器都没有乱动，我只是静静地想，静静地等候把飞机拉起来的最佳时机和位置。最后，我果然幸运地脱险了。假如我当时顺着本能的求生反应，未待最佳时机就胡乱操作了，必定会使飞机更快下坠而葬身大海。"他强调说，"一直到现在，我还记得教官那句话：'不要轻举妄动而自乱脚步，要冷静地判断，抓着最佳的反应时机。'"

面对一件危急的事，出于本能，许多人都会做出惊慌失措的反应。然而，仔细想来，惊慌失措非但于事无补，反而会添出许多乱子来。试想，如果是两方相争的时候，对方就会乘危而攻，那岂不是雪上加霜吗？

所以，在紧急时刻，临危不乱，处变不惊。以高度的镇定，冷静地分析形势，那才是明智之举。

东晋时有个著名书画家王羲之，七岁时开始练写字，被人誉为"小神笔"。朝廷中有位叫王敦的大将军，把王羲之带到军帐中表演书法，天色晚了，还让他在自己的床上睡觉。

有一次，王羲之一觉醒来，听见房间有人说话，仔细一听，原来是王敦和他的心腹谋士钱风在悄悄商量造反的事，他们一时忘记了睡在帐中的王羲之。听到谈话内容时，王羲之非常吃惊，心想，如果他们想起自己睡在这里，说不定会杀人灭口呢！怎样才能渡过这一关呢？恰好昨夜他喝了点酒，于是，他假装酩酊大醉，把床上吐得到处都是，接着，蒙头盖脸，发出轻轻的鼾声，好像是睡了似的。

王敦和钱风密谈了多时，突然想起了王羲之，不由得心惊肉跳，脸色骤变。钱风恶狠狠地说："这小子必须除掉，不然，我们都要遭受灭门之祸了。"

两人手提尖刀，掀开被子，正要下手，突然王羲之说起了梦话，再一看，床上吐满了饭菜，散发出一股酒味。王敦和钱风被眼前的一切迷惑了，在床前站了片刻，当确认王羲之仍处于酒后酣睡中时，便放弃了原来的计划。

王羲之以他的聪明才智，假装酒醉，改变了王敦和钱风杀人灭口的想法，躲过了一场杀身之祸。

从人的心理上讲，遇到突然事件，每个人都难免产生一种惊慌的情绪，问题是怎样想办法控制。

楚汉相争的时候，有一次刘邦和项羽在两军阵前对话，刘邦历数项羽的罪过。项羽大怒，命令暗中潜伏的弓弩手几千人一齐向刘邦放箭，一支箭正好射中刘邦的胸口，伤势沉重痛得他伏下自身。主将受伤，群龙无首。若楚军乘人心浮动发起进攻，汉军必然全军溃败。猛然间，刘邦突然镇静起来，他巧施妙计：在马上用手按住自己的脚，大声喊道："碰巧被你们射中了！幸好伤在脚趾，并没有重伤。"军士们听了顿时稳定下来，终于抵住了楚军的进攻。

大难临头需冷静，而这冷静首先来自胆识和勇气。胆识和果断是联系在一起的，遇事犹豫不决，顾虑重重，患得患失，谋而不断，甚至被敌人的气势吓倒，谈不上胆识！只有敢担责任，当机立断者，才能解危。

当我们遇到突如其来的意外事件时，脑中通常会一片空白，要不就是大哭大叫，很少有人会笑得出来。

但是意外发生时，通常也是最需要我们立刻做决定的时候，如果没有冷静思考的头脑，就很难做出正确的决定。虽然，做出好决定有很多心法，但在这种意外状况发生时，如果不能保持一颗冷静的心，其他一切的法则和技巧都派不上用场。只有冷静下来，才能看清眼前的事情，理出一个可以解决问题的头绪。

冷静是知识、智慧的独到涵养，更是理性、大度的深刻感悟。我们面对着一个高速变化的世界，我们必须具有人性的成熟美。否则，就是成功送到面前，我们还是难免在毛躁中相遇失败。

　　西谚有云：风平浪静的海面，所有的船只都可以并驱取胜，但当命运的铁掌击中要害时，却只有大智大勇的人方能处之泰然。此言真是一语道破霸气的人与弱者之间的区别！

居安思危，不要懈怠

有句俗话是这样说的，"生于忧患，死于安乐"，意思是人在困苦的环境中因为容易激发奋斗的力量，反而容易生存；而在安乐的环境中，因为没有压力，容易懈怠便会为自己带来危难。这一句话也可这么解释：人如果时刻都有忧患意识，不敢懈怠，那么便能生存；如果安于逸乐，今朝有酒今朝醉，那么就有可能自取灭亡。

不管将这句话做何解释，它的基本精神都是一致的，也就是说："人要有忧患意识！"用现代的流行语言来说，就是要有"危机意识"。

一个国家如果没有危机意识，这个国家迟早会出问题；一个企业如果没有危机意识，迟早会垮掉；个人如果没有危机意识，必会遭到不可测的横逆。

也许你会说，你命好运好，根本不必担心明天，也不必担心有什么横逆；你还会说，"未来"是不可预测的，"是福不是祸，是祸躲不过"，既是如此，一切随兴随缘，又何必要有"危机意识"呢？

没错，未来是不可预测的，而人也不是天天都会走好运的，就是因为这样，我们才要有危机意识，在心理上及实际作为上有所准备，以应付突如其来的变化。如果没有准备，发生意外时不要说应变措施，光是心理受到的冲击就会让你手足无措。有危机意识，或许不能把问题消除，但却可把损害降低，为自己找到生路。

伊索寓言里有一则这样的故事：有一只野猪对着树干磨它的

獠牙，一只狐狸见了，问它为什么不躺下来休息享乐，而且现在也没看到猎人和猎狗。野猪回答说："等到猎人和猎狗出现时再来磨牙就晚啦！"

这只野猪就有"危机意识"。

那么，个人应如何把"危机意识"落实在日常生活中呢？

这可分成两方面来谈。

首先，应落实在心理上，也就是心理要随时有接受、应付突发状况的准备，这是心理准备。心理有准备，到时便不会慌了手脚。

其次是生活中、工作上和人际关系方面要有以下的认识和准备：

——人有旦夕祸福，如果有意外的变化，我的日子将怎么过？要如何解决困难？

——世上没有"永久"的事，万一失业了，怎么办？

——人心会变，万一最信赖的人，包括朋友、伙伴变心了，怎么办？

——万一健康有了问题，怎么办？

其实你要想的"万一"并不只我说的这几样，所有事你都要有"万一……怎么办"的危机意识，且预先做好各种准备。尤其关乎前程与事业，更应该有危机意识，随时把"万一"摆在心里。心里有"万一"，你自然就不会过于高枕无忧。人最怕的就是过安逸的日子，我曾有一位同事，因为过了整整二十年平顺的日子，如今工作技术毫无进展，前进后退都无路，而年已五十，又不甘心沦为人人看不起的小角色，后来呢？他还是只能当一个小角色每天混日子。他正是"死于安乐"的最典型的例子。

不知你现在的状况如何，是忧患？还是安乐？忧患不足畏，应担心的是安于安乐而不去忧于忧患。

第五章　直面人生的挫折与失败

孟子说："故天将降大任于斯人也，必先苦其心志，劳其筋骨，饿其体肤，空乏其身，行拂乱其所为，所以，动心忍性，增益其所不能。"

孟子的意思是说如果上天要把治理天下的大任交给一个人的话，一定先要使他的精神、肉体经受磨难。只有这样，才能增长他的智慧和才干。这段话不仅成为儒家的经典言论，也成为人在失败中激励自己自强不息的精神力量。值得注意的事实是，凡是有作为的人没有不是经过了一番艰难曲折的磨炼的，所不同的是，他们经受磨难的方式不同罢了。

勇于承担责任

俗话说：一人做事一人当。让我们对比一下成功的人和失败的人，我们就会发现成功的人多是勇于承担责任的人，失败的人多是害怕承担责任的人。失败的人会为自己的失败寻找各种各样的借口，而成功的人在面临失败和错误以后，能够及时地寻找出问题的症结所在，并努力克服和改正。或许可以这样说："只有勇于承担责任的人，才是主宰自我生命的设计师，才是命运的主人，才能获得生命的自由。"

勇于承担责任，别人就会为你的态度所打动，对你产生信任。由于信任就会产生依靠，你在生活中就会一呼百应，无往不胜。信用越好，人缘就越好，机会就越多，就愈能打开成功的局面。虽然在做事的过程之中，每个人都会犯错误，但是一定要能自己主动承担后果，不推卸责任，这样才能赢得别人的尊重。

韦恩博士说："把责任往别人身上推，等于将自己的力量拱手让给他人。"有的人无论在什么境况下，都习惯承担起自己行动的责任。

一位大学心理学教授说："一个人发展成熟的最明显的标志之一，是他乐于承担起由于自己的错误而造成的责任。有勇气和智慧承认自己的错误是不简单的，尤其是在他们很固执和愚蠢的时候。我每天都会做错事，我想我一生几乎都会是这样。然而，我力图在一天里不把同一件事情做错两次，但要想在大部分时间里都避免这种错误，那就不是件容易的事了。可是，当我看见一支铅笔的时候，我就会得到一些宽慰。我想，当人们不犯错误的时候，人们也就用不着制造带有橡皮头的铅笔了。"

有人问一个小孩子，怎样才能学会溜冰。小孩回答："每次跌倒后，立刻爬起来!"跌倒后，立刻爬起来，向失败夺取胜利，这是自古以来伟人的成功秘诀。检验一个人品格的最好时机，就是在他失败的时候，看他失败了以后将采取怎样的行动。因此，国外银行家的格言是：破产12次的人，是可以信任的。

吉本辛勤耕耘20年，才写出了他的《罗马帝国盛衰史》；诺亚·韦伯斯特历时36载，才有了《韦伯斯特大词典》的雏形，看看他将自己的毕生都投入到词汇的搜集和定义事业，他表现出何等非凡的毅力和高贵的精神啊!乔治·班克罗夫特穷其26年的心血，写出了《美利坚合众国史》。提香曾给查理五世致信："我把我最重要的一幅作品献给陛下，这7年的所有时间我几乎都花在了这幅作品上。"他的另一幅画也耗时8年。乔治·史蒂芬森用了15年的时间来改进他的火车头；瓦特用了20年改进蒸汽机；哈维观察了8年，才出版了他揭开血液循环奥秘的著作。

迈克尔·乔丹总结说："乐观积极地思考，从失败中寻找动力。有时候，失败恰恰正是使你向成功迈进的一步。譬如修车，一次次的尝试也未能奏效，但却越来越逼近正确答案。世界上的伟大发明都是经历过成百上千次的挫折和失败才获成功。"

战胜失败的第一步，也是关键的一步，我们要承担责任，对失败有一个正确的态度。贝格大概是20世纪最杰出的剧作家了，就连他这样成功的人也会说："我觉得失败是家常便饭，在失败的恶劣空气中深呼吸，精神会为之一振。"1905年爱尔伯特·爱因斯坦的博士论文在波恩大学未获通过，原因是论文离题而充满奇怪思想，这使爱因斯坦感到沮丧，但这却未能使他一蹶不振。温斯顿·丘吉尔曾被牛津和剑桥大学以其文科成绩太差而被拒之门外。里查德·贝奇只上了一年大学，当他写出《美国佬生活中的海鸥》一书时，书稿被搁置8年之久，其间曾被18家出版社拒之门外，然而出版之后十分畅销，即被译成多国文字，销量达700万册，他本人也因此而成为享有世界声誉的受人尊重的作家。美国职业足球教练文斯·伦巴迪当年曾被批评为"对足球只懂皮毛，缺乏斗志。"美国迪斯尼乐园的创建者沃尔特·迪斯尼当年曾被报社主编以缺乏创意的理由开除，建立迪斯尼乐园前也曾破产好几次。亨利·福特在创业成功前也曾多次失败，破产过5次。拥有超过100本西方小说、发行逾200万本的成功作家路易斯·阿莫在第一次出版销售前，被拒绝了350次，后来他成为第一位接受美国国会颁发特别奖章的美国小说家。托马斯·爱迪生试验超过2000次才发明了灯泡，当一位记者问他失败了这么多次的感想时，他风趣地说："我从未失败过一次，我发明了灯泡，而那整个发明过程刚好有2000多个步骤。"

面对失败，勇于承担的人，才会正视失败。"责任"意味着没有任何事物可以改变你的想法和完整性，因为你是以你的身份回应所有事物的。你可以决定你的生活方式，这种想法让你生活满足，并成为最好的你。如果你能负起责任，未来几年你一定能够成为一个举足轻重的人物。

把责任往别人身上推，不正是赤裸裸的劣根性吗？问题是你把责任往别人身上推的同时，等于将自己的人格推掉了，把自己扭转局势的机会推掉了。我们就是那么轻易地把责任推给别人，然后又若无其事地站在一旁抱怨都是他人的错——请问，我们希望让他人来操控我们吗？要记住，只有勇于承认错误的人才能拥有魅力。基于这个原因，为什么不能很乐意地扛起这个错，如果你喜欢掌握自己的生活的话。

如果我们过去曾犯过错，现在该怎么办呢？责任的归属又如何？过去发生的事，其影响力有时会延续到今后。比如，一个男人离了婚必须付赡养费，也有人毁了自己的健康，日后在饮食上的禁忌一大堆，或有人犯了罪，最终难逃牢狱之灾。

很明显的：我们自己决定我们的行为，也必然招来这些行为所带来的后果。跷跷板原理正说明这种连锁反应。这个认知告诉我们，我们应该以更负责的态度去生活。

那么究竟该如何看待已经发生的事情？我们必须承认，我们无法控制错误所带来的后果。但这绝对不表示我们可以把责任推出去。我们必须对自己对后果的看法与反应负责，认清我们对于错误招致的后果之反应其实影响深远。问题是：我们想要赢回掌控下一次事件的力量吗？还是让我们的错误和后果拥有操控下一次的力量？当我们负起责任的那一刻，所有的负面情绪都将消失。

从失败中吸取教训

吃一堑，长一智。一败再败从中不断吸取教训，总结经验的人，又怎能不智慧过人呢？难怪许多成功的人物都曾经受过成百次上千次的失败，他们利用失败教育自己，结果成为举世闻名的聪明人！

在中国有许多古语都包含了这个道理，如老马识途，正因为老马走过无数的路，经过无数的坎坷，它才能在每次坎坷之上留下心底的记号，下一次在此经过，它便可以一跃而过，才能识途！

古代有一个故事，在一片深山老林里，有一座"神仙居"位于山顶。一天，有一个年轻人从很远的地方来求见"神仙居"居主，想拜他为师，修得正果。年轻人进了深山老林，走啊走，走了很久。他犯难了，路的前方有三条岔路通向不同的地方。年轻人不知道哪一条山路通向山顶。忽然，年轻人看见路旁边一个老人在睡觉，于是他走上前去，叫醒老人家，询问通向山顶的路。老人睡眼蒙眬嘟哝了一句"左边"又睡过去了。年轻人便从左边那条小路往山顶走去。走了很久，路的前方突然消失在一片树林中，年轻人只好原路返回。回到三岔路口，那老人家还在睡觉。年轻人又上前问路。老人家舒舒服服地伸了个懒腰，说："左边。"就又不理他了。年轻人正要详问，见老人家扭过头去不理他了。转念一想，也许老人家是从下山角度来讲的"左边"。于是，他又拣了右边那条路往山上走去。走啊走，走了很久，眼前的路又渐渐消失了，只有一片树林。年轻人只好原路折回，回到三岔路口，见老人家又睡过去了，不由气涌上来。他上前推了推老人家，把他叫醒，便问道："老人家你一把年纪了何苦来欺我，左边的路我走了，右边的路我也走了，都不能通向山顶，到底哪条路可以去山顶？"老人家笑眯眯地回答："左边的路不通，右边的路不通，那你说哪条路通呢？这么简单的问题还用问吗？"年轻人这时才明白过来，应该走中间那条路。但他总想不明白老人家为什么总说"左边"，带着一肚子的疑惑，年轻人来到了"神仙居"。他虔诚地跪下磕头，居主笑眯眯地看着他，那神态仿佛山下三岔路口那老人家，年轻人使劲揉了揉眼睛……

你肯定猜到了那老人家就是居主变的，但这故事里包含着几个人生道理，一是年轻人走完左边的路和右边的路之后，都失败了，无疑应是中间那条路通向山顶，他连这都不明白，要去问老人家，经老人家一点才明白过来，说明了人经过失败后，他受情绪影响（比如愤怒），连很简单的问题，只要一转变思绪去想就很容易想出的问题却被自己弄糊涂了；二是只有走过左边和右边的路走不通之后，才知道这两条路都不通山顶，说明凡事要自己亲身去经历才知道可行不可行；三是，年轻人在走过右边和左边的路之后，知道走不通他就不会再第二次走那两条路了，说明人不会轻易犯同样的错误，他已经向正确的方向迈进了一步。

你想到了几点呢？不管你想到几点，至少你明白了错了之后你不会再犯同样的错，这就是失败的好处！

别因为失败伤心，也不要为错误负疚。你希望成功，但事与愿违，这并非罪过；如果明知故犯，就罪无可赦了！明知错还去做，如果不是愚蠢，便是跟正义开玩笑，是不道德的行为。不仅是不值得鼓励，而且应该受到适当的警诫。心理学家认为故意犯错误的人，负疚多于满足。

然而，人非圣贤，孰能无过？只要不是存心做错，偶尔犯错事，是可以原谅，也不必受良心谴责的。无心之过，不但不会受到惩罚，还可以从过错中获得教训，从犯错的经验中，变得聪明起来！

明代绍兴名人徐渭有一副对联："读不如行，试废读，将何以行；蹶方长智，然屡蹶，讵云能智。"这副对联，科学地阐述了理论与实践、失误与经验的辩证关系。上联是说实践出真知，理论指导行动。下联"蹶方长智"，蹶是指摔倒，不能摔到后蹶不振，而应"吃一堑，长一智"。有人认为"吃一堑"与"长一智"之间存在必然性，那就错了。不是说吃一堑就一定能长一智，而是吃一堑有可能长一智。这种可能性要转变为必然性，必须要有一个条件，那就是要从失误中总结教训，积累经验，这样才能长智。如果错后不思量，那么同样的错误还会不断重复出现。这就是"然屡蹶，讵云能智"的精辟之处。

一个人遭受一次挫折或失败，就该接受一次教训，增长一分才智，这就是成语"吃一堑，长一智"的道理所在。

从前，有个农夫牵了一只山羊，骑着一头驴进城去赶集。

有三个骗子知道了，想去骗他。

第一个骗子趁农夫骑在驴背上打瞌睡之际，把山羊脖子上的铃铛解下来系在驴尾巴上，把山羊牵走了。

不久，农夫偶一回头，发现山羊不见了，忙着寻找。这时第二个骗子走过来，热心地问他找什么。

农夫说山羊被人偷走了，问他看见没有。骗子随便一指，说看见一个人牵着一只山羊从林子中刚走过去，准是那个人，快去追吧！

农夫急着去追山羊，把驴子交给这位"好心人"看管。等他两手空空地回来时，驴子与"好心人"自然都没了踪影。

农夫伤心极了，一边走一边哭。当他来到一个水池边时，却发现一个人也坐在水池边，哭得比他还伤心。农夫挺奇怪：还有比我更倒霉的人吗？就问那个人哭什么，那人告诉农夫，他带着两袋金币去城里买东西，在水边歇歇脚、洗把脸，却不小心把袋子掉水里了。农夫说，那你赶快下去捞呀！那人说自己不会游泳，如果农夫给他捞上来，愿意送给他 20 个金币。

农夫一听喜出望外，心想：这下子可好了，羊和驴子虽然丢了，可将到手 20 个金币，损失全补回来还有富余啊！他连忙脱光衣服跳下水捞起来。当他空着手从水里爬上来时，干粮也不见了，仅剩下的一点钱还在衣服口袋里装着呢！

这个故事告诉我们，农夫没出事时麻痹大意，出现意外后惊慌失措而造成损失，造成损失后又急于弥补因此又酿成大错，三个骗子正是抓住这些人的性格弱点，轻而易举地全部得手。

应该说，人们在工作、生活中遭受类似这样的挫折和失败是难以完全避免的，虽然"吃堑"终归不是什么好事情，但如果吃了堑，也不长智，就是愚蠢至极了。

古人云："人非圣贤，孰能无过"，其实即使是圣人、贤人，也一定会犯有过错。不过，对于自己所犯下的过错，他们能够接受别人的批评，并且积极改正。对于别人，他们也绝不会要求他们一定不犯错。因为圣人明白，平常人的心志怯弱，要想绝对不犯错，是不可能的事。若是犯了小错，便不原谅他人，反而阻止其改过向上之路。这样只会使他们更加麻木和变本加厉，犯下更大的错误。圣人只希望人们了解什么是对的，什么是错的。并且提出了许许多多改过的具体方法，如知过、思过、补过、闻过则喜等。像这样循循善诱众人，使人们走向正道，真可谓苦口婆心了。古之圣人先贤，距今虽然遥远，今人若不能体会古人的用意，也真是辜负了那一份久违的心思了！

屡败屡战，霸气人生

斯泰里 16 岁的时候，在一个大五金商号里做店员，这正是他所希望的一个职位。他感到自己的前途是光明远大的，于是他努力工作，尽心学习各种业务知识，自己盼望着将来做一个成功的五金销售员。他一直以为自己是踏实肯干的，但是其上司却看法不同。

"我不用你了，你根本就不是做生意的料。你还是到铸造厂去做一个工人吧。你只有一身蛮力，除了做那种工作之外，没有什么别的用途。"

无端被"炒鱿鱼"，这对于一个雄心勃勃而又努力工作的年轻人简直是一种侮辱！因为斯泰里始终以为自己工作得很好。那么，他是否预备到铸造厂去呢？一时间他的头脑里充满了不满、愤怒、愤愤不平等激烈的思想斗争。他是否因为受到了极大的打击，而被打倒了吗？他的首次冲刺虽然失败了，但是，他没有被打垮并重整旗鼓，决心要干出一番成绩来。

他到上司面前郑重其事地对他说，"你可以辞退我，但是你不能削弱我的志气。"他面对那无理的上司发誓说，"十年之内，我也要开一个像这样大的五金店。"

他的话并不是一种气愤的发泄而已。这个青年将第一次的失败变为激励自己的动力，驱使他不停地努力，一直到他成为全国最大的五金制品商之一。

鲁伯特·默多克是享誉世界的报业巨子。他 1931 年出生于澳大利亚的墨尔本市。早年他在牛津大学上学的时候，他的父亲就去世了。他的父亲基恩爵士去世时，留给他这样的遗言："期许昆士兰报业控股有限公司及另一经我的受托管理人认可的报业公司以执着热情坚持本人的办报理想。期许吾儿鲁伯特·默多克终生致力于造福人类的新闻事业，并经我的受托管理人之辅佐在特定领域施展宏图。"

　　父亲的遗言指明了默多克奋斗的方向。尽管当时他的父亲拥有澳大利亚先驱和时代周刊集团，但实力仍很薄弱。默多克在继承了父亲的《新闻》后，又吞并了墨尔本《新思想》周刊和《星期日时代报》，事业处于蓬勃发展。不久，他又买下了当地一家电视台的部分股份，开始经营电视业务。但由于他缺乏政治和社会经验，没过多久，就在竞争中败北。

　　失败并没有使默多克的雄心壮志受到丝毫影响。经过一段时间的努力，默多克的先驱和时代周刊集团打入了悉尼，并且吞并了悉尼坎伯兰报业集团。但由于政治原因，当时实行紧缩性经济政策，报业处境艰难。1961 年，正值澳大利亚大选，默多克希望通过对大选结果的准确预测来提高报纸的知名度，然而事与愿违，每一次预测都没有得到应验，默多克又一次失败了。

　　然而，他的雄心壮志不减。为了能够获得更有影响、更有分量的素材，他决定进军首都堪培拉，因为在那里能够及时获得具有广泛社会影响力的重大新闻。他办了一份面向全国读者的《澳大利亚人报》，并且向当地报业大王——《堪培拉时代》发出了挑战，经过免费赠送、大张旗鼓地宣传等活动，《澳大利亚人报》开始受到人们的关注。但是，由于堪培拉地理位置不好，加上对当地民意与政治缺乏了解，以及竞争对手的排斥，《澳大利亚人报》不久就陷入困境，报纸滞销，亏损加大，而且受到了当地舆论界的攻击。但即使在这种情况下，默多克也没有退缩。为重振报业，默多克改进了报馆的技术装备，调整了编辑班子。为了取得有价值的新闻，他自己积极争取进入堪培拉的政治圈子。经过几年的艰苦努力，《澳大利亚人报》终于羽翼丰满，销售量达12万份，成为澳大利亚一半人口的代言人。

为了成为世界级报业大王，默多克又收购和控制了一些英国、美国的著名报纸，如英国的《太阳报》《世界新闻报》《泰晤士报》（日报）和《星期日泰晤士报》，美国的《纽约邮报》《每日新闻》等，建立起了一个世界级的报业帝国，成就了一番丰功伟业。

想一想，如果没有默多克屡次知难而进，不畏险阻，也就不会有日后的默多克帝国，世界上也就少了一个报业巨子。

也许迎难而上不是什么新鲜的话题，但是要实实在在地做到这一点并不容易。很多生意人遇到困难总是抱怨环境不好，运气不佳。失望，悲观，实际上这都是害怕困难的表现。以这样的态度对待挫折，即使困难微不足道，生意也没有振兴的希望。

身处绝境，破釜沉舟

日本著名企业家松下幸之助说：永远都不要绝望，如果做不到这一点的话，那就抱着绝望的心情去努力。这很接近曾国藩的"屡败屡战"精神。正所谓，"对于精神不松懈、眼光不游移、思想不走神的人，成功不在话下。"

俗话说："置之死地而后生。"即使是身处"死地"，只要抱着破釜沉舟的决心，才能绝地逢生。

1948 年，牛津大学举办了一个"成功秘诀"讲座，邀请到了当时声名显赫的丘吉尔来演讲。三个月前媒体就开始炒作，各界人士也都引颈等待，翘首以盼。

这一天终于到来了，会场上人山人海，水泄不通，各大新闻机构都到齐了。人们准备洗耳恭听这位政治家、外交家的成功秘诀。

丘吉尔用手势止住雷动的掌声后，说："我的成功秘诀有三个：第一是，绝不放弃；第二是，绝不、绝不放弃；第三是，绝不、绝不、绝不能放弃！我的讲演结束了。"

说完就走下讲台。

会场上沉寂了一分钟后，才爆发出热烈的掌声，经久不息。

没有失败，只有放弃，不放弃就不会失败。正如乔治·马萨森所说："我们获胜不是靠辉煌的方式，而是靠不断努力。"

你一定知道兰博，也知道史泰龙其人。你以为他能崛起并称霸于影坛是十分顺利的吗？绝对不是，他在试图踏入电影界的过程中，是忍受了一次又一次的拒绝，前后共有千次之多。他跑遍了每一家电影公司在纽约的代理，可是都遭拒绝。不过他并不气馁，继续敲门，一再尝试！最后终于担当演出《洛基》一片。你可曾听过有在被拒绝了 1000 次之后，还敢去敲第 1001 次门的人吗？

卡尔文·李·罗斯在竞选参加区政府的工作，内容是每天出去争取选票，他把要争取的选民名单夹在汽车的遮阳板上。

他来到了一位妇女的房子前，走过去敲她的房门，这位妇女打开门，他摘掉帽子彬彬有礼地说："女士，早上好。我的名字叫卡尔文·李·罗斯，我在竞选区任推举候选人代理，我希望得到你的支持。"他说完戴上他的斯特森帽。

这位妇女说："卡尔文·李·罗斯，我晓得你，我也知道你的家庭，你们家里没一个好东西。"她继续说，"你离过三次婚，你喝酒、打牌，还经常和外面不三不四的女人勾勾搭搭。即使这个世界只剩下你一个人了，我也不会投你的票的，你死了以后如果有秃鹫来啄你的尸体我绝不会把它们赶走。你要是不赶快从这儿出去，我就把我丈夫 16 毫米口径的步枪拿来，打烂你的屁股！"

卡尔文·李·罗斯摘掉他的斯特森帽子说："女士，谢谢你。"

他离开那座房子回到车上，从遮阳板上取下选民名单，找到那位妇女的名字，从耳朵后面取下笔，在舌头上湿一下笔尖，然后在她的名字后面仔细地写上："有疑虑"。

在马拉松长跑中，最初参加竞赛的人可以说成千上万。但是跑出一段路程之后，参赛的人便渐渐少起来。原因是坚持不下去的人，逐步自我淘汰了，而且越到后面人越少，全程都跑完能够冲刺的人更少，奖牌实际上就是在这些坚持到最后的人当中产生。

马拉松竞赛，与其说是比速度，不如说是拼耐力，也就是看谁能坚持到最后。

我们做任何事情都和赛跑一样，成与败往往只是几步之差，因而只要在最后起决定性作用的几秒钟内，爆发出巨大的潜能，我们就会获得成功，最后的努力才是决定命运的努力。

"锲而不舍，金石可镂，锲而舍之，朽木难雕"。水滴尚且能穿石，我们若能以恒心与毅力去做一件事，又有什么不能够做到的呢？

许多人做事之初都能保持较佳的精神状态，在这个阶段，平庸之辈与杰出人才对事情的态度几乎没有差别。然而往往到最后一刻，杰出人士与平庸之辈便各自显现出来了，前者坚持到胜利，后者则丧失信心，放弃了努力，于是便有了不同的结局。

许多平庸者的悲剧，就在于被前进道路上的迷雾遮住了眼睛，他们不懂得忍耐一下，不懂得再跨前一步就会豁然开朗。一个人想干成任何大事，都必须坚持下去，只有坚持下去才能取得成功。

平庸者之所以在干事时会浅尝辄止、半途而废，主要原因是人天生就有一种难以摆脱的惰性。当他在前进的道路上遇到障碍和挫折时，便会很自然地畏缩不前了。这就跟人们走路的习惯一样，人们总是喜欢走不费力气的路，这就是人人都喜欢走下坡路而不愿意走上坡路的原因，也是人们常常见了困难绕着走的深层原因。

在可口可乐公司创立不久，阿萨·坎德勒也遭受到了来自四面八方的攻击。

有一个医生说，他的病人由于喝可口可乐死亡，他要求议会禁止可口可乐的生产和销售。还有许多人认为，可口可乐是一种兴奋剂，含有可卡因、咖啡因、麻醉剂等对人体有害的物质。于是，一位联邦官员下令查封了可口可乐公司的一批货，并坚持要求将可口可乐中的咖啡因、可卡因去掉。这位联邦官员还不依不饶地将阿萨的可口可乐公司告上了法庭，以期使这家全美国最大的饮料公司屈服。

但是阿萨·坎德勒一向不肯认输，他请自己的弟弟担任辩护律师，与政府展开了长达七年的官司大战。一审结果，可口可乐虽然获胜，然而直到 1918 年，政府与可口可乐公司才在庭外和解。

"毅力"这两个字可能不具任何英雄式的含义，但此特质对于个人性格的关系，正如酒精对于酒的关系一样。

亨利·福特白手起家，开始起步时，除了毅力之外，什么也没有，后来却缔造了大规模的工业王国。爱迪生只受过不到三个月的学校教育，却成为世界顶尖的发明家，并且靠毅力发明了留声机、电影机以及灯泡，更别提其他五十多项有用的发明了。

在以上两位霸气的人身上，除了毅力之外，找不到任何特质可以与其惊人的成就沾得上边，这可是经过千真万确的了解之后才下的结论。

没有毅力，你将被打败，甚至在还未开始前，就已经被打败。

有毅力的人，似乎总能够享有免于失败的保证。他们无论受挫多少次，总能东山再起，继而达到巅峰。

那些经得起考验的人，会因其意志的坚定而获得巨大的成功。他们可以得到任何他们所追求的目标作为补偿。他们同时也更深刻地懂得："有所失，必有所得"这一辨证的道理。

10 世纪英国福音传播者怀特菲尔德在追求事业成功的过程中，经历了许多舆论的谴责和世俗的刁难，甚至有人威胁要杀掉他。他的敌对者把他逐出教会，关闭他的教堂，甚至逼迫他离开所住的城镇。但他始终不渝地在沿途传道。敌对者雇佣一些人去嘲弄他，向他扔烂泥、臭鸡蛋、烂番茄和一些动物的死尸，并且不止一次地向他扔石头，把他砸得头破血流……而且许多上层社会的人都对他大加鞭挞和嘲讽，但是，所有的这一切均未能阻止怀特菲尔德继续他的传道事业。因为，他深信他的事业是有益于大众的。最后，他终于取得了成功。

生活中，任何人在向理想目标前进的过程中，都难免会遭遇到各种阻力和重重困难，在这种情况下，我们要学会坚持，这样我们才会享受到成功后的欢乐。

我们要学会"持之以恒"，在做某些事情时，不要朝秦暮楚，不要被面前的困苦所吓倒，不半途而废，不浅尝辄止，不功亏一篑。持之以恒是一种毅力，是我们最应该具有的一种精神。

宋朝诗人杨万里有诗曰："莫言下岭便无难，赚得行人错喜欢。正入万山圈子里，一山放出一山拦。"人在奋斗的过程中，由于各方面条件的限制，必然困难重重，也会存在种种干扰。这些困难干扰就像一座座山阻碍在我们前进的道路上，但是我们不应被吓倒，只有坚持到底才是最后的胜利。只要拿出顽强的毅力，持之以恒，坚持到底，事业的成功必将成为一种必然。

要做生活的霸气的人，首先要做精神上的霸气的人，做一个坚忍不拔、威武不屈的人。世间不存在人无法克服的艰难和困苦。在你面临绝境无法摆脱时，在你气喘吁吁甚至精疲力竭时，你只要再坚持一下，奋力拼搏一下，你就会战胜困难，同时也磨炼了自己的毅力。

有许多伟人也会出现这样的错误，在他们即将抵达成功时，他们却因失败而放弃了。德国科学家席勒在研究 X 射线即将看到曙光时，失去信心，罢手却步，遂将成功的喜悦奉送给了伦琴。

　　歌德曾这样描述坚持的意义："不苟且地坚持下去，严厉地驱策自己继续下去，就是我们之中最微小的人这样去做，也很少不会达到目标。因为坚持的无声力量会随着时间而增长，而没有人能抗拒的程度。"

不要畏惧风险

什么是风险？风险是指由于形势不明朗，造成失败的因素。冒风险是知道有失败的可能，但坚持掌握一切有利因素，去获得成功。

风险程度有大小的区别。风险小，利益大，这是人人渴望的，但并不现实。霸气的人们宁愿相信，风险愈大，利益愈大。霸气的人不会贸然去冒风险，他会衡量风险与利益的关系，确信利益大于风险，成功机会大于失败机会时，才毅然出手。霸气的人虽甘愿冒险，但从不鲁莽行事。风险的成因是形势不明朗，若成功与失败清楚地摆在面前，你只需选择其一，那不算风险。但当前面的路途一片黑暗，你跨过去时，可能会掉进陷阱或深谷里，但也可能踏上一条康庄大道，很快把你带领到目标中去。于是风险出现了，或停步，或前进，你要做出选择。

前进？可能跌得粉身碎骨，也可能攀上高峰。停步？也许得保安全，但也会错过大好良机，令你懊悔不已。

福勒是美国一位黑人家庭七个孩子中的一个，他决定把经商作为生财的一条捷径，最后选定经营肥皂。于是，他就挨家挨户推销肥皂达12年之久，后来供应肥皂的那个公司即将拍卖，售价是15万美元。

他决定买下这家公司，但他钱不够。他把自己经营肥皂12年中一点一滴积蓄起来的2.5万美元作为保证金交给肥皂公司的老板，许诺自己在10天的限期内付清余下的12.5万美元。而如果福勒不能在10天内筹齐这笔款子，就要丧失所预付的保证金。

福勒在他当肥皂推销员的12年中，获得了许多富人的信任和赞赏。现在他去找他们帮忙了。他从交情不错的富人那里借了一些款项，又从信贷公司和投资集团那些获得了援助。

直到第 10 天的前夜，他筹集了 11.5 万美元。也就是说，他还差 1 万美元。

福勒回忆说：当时我已用尽了我所知道的一切贷款来源。那时已是沉沉深夜，福勒在幽暗的房间里自言自语：我要驱车走遍第 61 号大街。

夜里 11 点钟，福勒驱车沿芝加哥 61 号大街驶去。驶过几个街区后，他看见一所承包商事务所亮着灯光。

他走了进去。

在那里，在一张写字台旁坐着一个因深夜工作而疲乏不堪的人。福勒意识到自己必须勇敢些。

你想赚 1000 美元吗？福勒直截了当地问道。

这句话把那位承包商吓得向后仰去。

是啊，当然啦！他答道。

那么，给我开一张 1 万美元的支票，当我奉还这笔钱时，我将另付 1000 美元利息。福勒对那个人说。

他把其他借款给他的人的名单给这位承包商看，并且详细地解释了这次商业冒险的情况。

那天夜里，福勒在离开这个事务所时，口袋里装了一张 1 万美元的支票。

以后，他不仅在那个肥皂公司，而且在其他七个公司，包括四个化妆公司、一个袜类贸易公司、一个标签公司和一个报社，都获得了控制权。

福勒事业成功了，这很大程度上应归功于他冒险的勇气与他锲而不舍的精神。

冒风险需要一定的胆量和激情。大部分人停留在所谓"安全圈"内，无意于进行任何形式的冒险，即使这种生活过得庸庸碌碌、死水一潭也不在乎。有这样一位女高音歌剧演员，天生一副好嗓子，演技也非同一般，然而演来演去却尽演些最末等的角色。"我不想负主要演员之责，"她说，"让整个晚会的成败压在我的身上，观众们屏声息气地倾听我吐出的每一个音符。"其实这并非因为胆小，她只是不愿意认真地想一想：如果真的失败了，可能出现什么情况，应采取什么样的补救办法。卓有绩效的人则不然，由于对应变策略——失败后究竟用什么方式挽救局势早已成竹在胸，他们敢于冒各种风险。一位公司总经理说："每当我采取某个重大行动的时候，就会先给自己构思一份'惨败报告'，设想这样做可能带来的最坏结果，然后问问自己：'到那种地步，我还能生存吗？'大多数情况下，回答是肯定的，否则我就放弃这次冒险。"心理学家认为，做最坏的打算，有助于你做出理智的抉择。如果因为害怕失败而坐守终日，甚至不愿抓住眼前的机会，那就根本无选择可言，更谈不上什么绩效和成功。因此，当环境稍加变化的时候，他们就会显得手足无措。

那么，怎样才能培养敢于冒险的能力呢？

第六章　不断学习，不断突破

　　霸气的人非常善于通过学习来改进自己，强化自己。他们如同鲁迅笔下的"拿来主义者"，善于把古今中外的有用知识拿来充实自己的大脑，为自己所用。

　　事实上，小至一个人，大至一个民族一个国家，都必须善于学习。这样，才会有进步，有希望，才能在错综复杂的形势下保持强势、立于不败之地。

不甘落后，与时俱进

　　这是大学期末考试的最后一天。在一幢楼的台阶上，一群工程系高年级的学生挤作一团，正在讨论几分钟后就要开始的考试。他们的脸上充满了自信。这是他们参加毕业典礼之前的最后一次测验了。

　　一些人谈论他们现在已经找到的工作，另一些人则谈论他们将会得到的工作。带着经过四年的大学学习所获得的自信，他们感觉自己已经准备好，甚至能够征服整个世界。

　　这场即将到来的测验将会很快结束。教授说过，他们可以带任何他们想带的书或笔记，要求只有一个，就是他们不能在测验的时候交谈。

　　他们兴高采烈地冲进教室。教授把试卷分发下去。当学生们注意到只有5道评论类型的考题时，脸上的笑容更灿烂了。

　　3个小时过去了，教授开始收试卷。学生们看起来不再自信了，他们的脸上挂满了沮丧。

　　教授俯视着他面前这些焦急的面孔，面无表情地说道："完成5道题目的请举手！"

　　没有一只手举起来。

　　"完成4道题的请举手！"

　　还是没有人举手。

　　"完成3道题的请举手！"

　　仍然没有人举手。

　　"2道题的！"

　　学生们不安地在座位上扭来扭去。

"那么1道题呢？有没有人完成了1道题？"

整个教室仍然沉默。教授放下了试卷。"这正是我期望得到的结果，"他说，"我只想要给你们留下一个深刻的印象：即使你们已经完成了四年的工程学学习，但关于这个学科仍然有很多的东西是你们还不知道的。这些你们不能回答的问题，是与每天的日常生活实践相联系的。"

然后，他微笑着补充道："你们都将通过这次测验，但是记住——即使你们现在是大学毕业生了，你们的教育也还只是刚刚开始。"

如今，知识的新旧更替正以一种前所未有的高速度呼啸而至。

幸好，知识可以通过学习获得，今天没有知识，明天可以拥有，只要你肯学习、学习、再学习。

活到老，学到老。大凡杰出的人，都是终身孜孜不倦追求知识的人。在漫长的人生经历中，即使再忙再苦再累，他们也不放弃对知识的追求。学习既是他们获取知识的途径，又是他们在逆境中的精神支柱。在他们看来，知识是没有止境的，学习也应该是没有止境的，学习使他们的思想、心理和精神永远年轻，也使他们的事业日新月异。

有人认为，当代世界巨富比尔·盖茨最宝贵的财富就是拥有一个开放的头脑，这也正是造就他的成功和财富的内在特质之一。能说明这一点的最好例证，就是微软公司在互联网时代的战略转型。早在1993年，比尔·盖茨就以70亿美元的个人财富荣登《福布斯》世界富豪排行榜首位。到1995年时，微软公司更是以操作系统和软件雄霸个人电脑市场。但世界变化之快，有时连比尔·盖茨也反应不过来。当时比尔·盖茨几乎犯了一个致命的错误，那就是他没有及时地意识到互联网的引入将使整个信息技术产业和全球经济发生根本性的革命。好在他时刻学习以跟上这个时代的节奏，迅速调整了微软的战略，方终于走过坎坷成就霸业。

活到老，学到老

知识的迅速增长和更新，使人不得不在学习上付出更多的努力。经过苦苦探索，人们在"终身教育"问题上达成了共识，现在"终身教育"思想已经成为当代世界的一个重要教育思潮。今天，在世界范围内都响起了"不学习就死亡"的口号。

这样，学习就意味着是一个终身的过程，是现代人生命过程的一个重要组成部分。

任何一个人，不管他有多高的天资，有多高的文凭，都没有资格说："我已经不用学习了。"

我国古代金溪县有个人叫方仲永，当他五岁时，就能写诗作赋。人们指着什么事物叫他作诗，都当即写成，文采道理都有可取之处，被认为是神童。于是就有人请他父亲带方仲永去做客，并即席作诗，有的人还赠些银两。他父亲认为这有利可图，就天天拉着他去拜见县里的人，不让他学习。在他13岁的时候，让他写诗已不能和以前的名声相称了。又过了七年，他已经默默无闻，和普通人一样了。

如此看来，即使神童也得不断学习，否则迟早一天会"神"不起来。

有一家大公司的总经理对前来应聘的大学毕业生说："你的文凭代表你受教育的程度，它的价值会体现在你的底薪上，但有效期只有3个月。要想在我这里干下去，就必须知道你该继续学些什么东西。如果不知道学些什么新东西，你的文凭在我这里就会失效。"

美国商业顾问汤姆·彼得斯在《解放管理》一书中给学生们

这样的忠告："记住：教育是通向成功的唯一途径，教育并不以你获得的最后一张文凭而中止。终身学习在一个以知识为基础的社会里是绝对必需的。你必须认真地接受教育，其他所有人也必须认真接受教育。教育是全球性经济中的'大竞赛'，如此而已。"

因此，教育（学习）的真正目的并不在于记忆、存储，或是学会运用某种特定技巧，而是在于具备终身学习的能力。

人生处处有知识

因生产夏普牌电视机闻名的早川电机公司董事长早川德次，在尚未了解人事时，便品尝到人世最凄惨的遭遇。但他能够刻苦学习，并在后来肯于奋斗，终于战胜了命运，成为商界巨人。

早川很小时，双亲与世长辞。他被双亲的朋友抚养。不幸的是，养母是个性情古怪的泼妇，一开口就骂，动不动就扬鞭毒打。

有一个住在附近的瞎老妇人，每天听到鞭打声和小孩的哭声，心生怜悯之情决心为早川消灾解厄。为此，早川在小学二年级时，她就带他去一家首饰加工店当童工。

但早川并不自暴自弃，小时候早川就想："在这个世界上没有疼爱我的双亲，也没有关心我的长辈，我的处境比任何人都悲惨，如果别人做 10 小时，我做 20 小时的活，不会输给别人。"

他进首饰加工店之后，每天所做的工作就是照顾小孩，烧饭，洗衣服以及搬运笨重的东西。

这样年复一年过了 4 个春秋，有一次他鼓起勇气对老板说："老板，请您教我一些做首饰的手工好吗？"

老板不但没答应，反而大骂道："小孩子，你能干什么呢？你喜欢学的话，自己去学好了！"

早川想，真的，不靠别人，要亲自去学，亲自思考，亲自去做。

以后老板叫他帮忙工作时，他尽量用眼睛看，用心学，这样一切有关工作上的学识和技能，全部是靠自己偷偷学来的。

社会是一所大学，每个人都可能是你的老师。只是因为你不曾缴学费给他们，他们未必会悉心来教你。一切都要靠你自己主动自发地观察、体会与领悟。依靠别人教你，人会不知不觉产生依赖心理，不能完全理解它，不能养成独立思考的能力。靠人教来的知识缺少深度，没办法去应付各种不同的状况；辛辛苦苦用脑筋自己去摸索，自己苦思出来的却有深度，可能在一生都受益不尽。

　　早川的学习与努力没有白费，他成为耳聪目明又富于创意的人。18岁他就发明了裤带用的金属夹子，22岁时发明了自动笔。他有了发明，老板便资助他开了一家小工厂。这种自动笔很受大众喜爱，风行一时。世界没有给他任何东西，但他却给世界很多。30岁时，在他赚到1000万日元以后，就把目标转向收音机生产，设立早川电机公司。现在他拥有的资产多达100多亿日元。

以成功人士为榜样

学习并非单停留在书本上。社会是一所大学，到处都有学习的机会。其中，向成功者学习就是一个不错的学习方法。

面对未来，遥想"成功"二字，你是不是也有无从迈步的迷惑？如果有，不妨看看别人的成功原因，学习一下他们的"成功模式"！

也许你会问：学习别人的成功模式就能成功吗？

答案是："不一定。"因为一个人是否成功还受到个人条件、努力的程度和机遇等因素的影响，并不是学习别人的成功模式就可以成功；但至少成功模式是一种指引，让你有方向可循，这绝对比茫无头绪，不知何去何从好过千百倍。

那么，如何找到一套"成功模式"？

首先，你要找出一位你认为"成功"的目标人物。这个人可以是你的朋友，可以是你的亲戚、长辈、同事，也可以是有名望的社会人士，更可以是书里的传记人物。你可以向他们请教他们的成功之道。一般来说，人人都喜欢谈成功而忌讳谈失败，所以他们会不吝啬地告诉你他们的成功经验，至于社会人士的成功之道，则可以从报章杂志得知，传记里的人物成功之道，传记里也会说得很清楚。

任何人的成功模式都有可能套用在你自己身上，但有几种"模式"你必须排除，绝对不可"套用"。

——因机遇而成功的人。因为他有机遇，你可不一定也有那么好的机遇，而且机遇是不可等待的。

——因家族支持而成功的人。例如有一位"伟大"的父亲或庞大的产业。这种人的成功比一般人省力许多，你若无此条件，则这种人的成功是不值得学习的。

——因配偶的才干或金钱而成功的人。你不一定也有个能干或有钱的配偶。

——因某人提拔而成功的人。因为你不一定也会碰到愿提拔你的人。

——因非正常手段而成功的人。此方式危险性很高，这种险不能冒，也不值得冒。

那么，该选用什么样的"成功模式"？

你应该选择靠自己而成功的"成功模式"，而且这个人最好是和你同行，所处的环境、个人条件和你接近。你可以把他的成功经验归纳成以下几点：

——他是如何踏出第一步以及第二步、第三步？

——他如何积累实力？

——他如何突破困局，超越自己？

——他如何管理内外的人际关系？

——他如何规划一生的事业？

你可以照着做，当然也可以只模仿其中的若干方法，或是根据他的模式来修正你的方向。

不过，"成功模式"再好，关键还在于执行，你若不当一回事，则这模式就不能发挥效用。说穿了，成功模式就是"努力"二字而已，肯努力，就会有实力。有实力就会带来好机遇。

生活是一部"无字书"，唯有善读者，方能学以致用，举一反三。

失败是成功之母

"以失败者为师"与前述的"以成功者为师"并不存在矛盾。
"以成功者为师"强调的是学习别人的成功之处于以自用，而
"以失败者为师"强调的是学习别人的失败之处以为自己规避。
因此，它们其实存在辩证的统一。

"以失败者为师"实际上是一个事业颇有成就的企业家的话。

他说，一般人都是以成功者为师，把成功者的成就当作奋斗
的目标，有些人还遵循成功者的模式，构筑自己的未来。这也没
什么不好，人总需要"希望"来鼓舞。但一切向"成功者"看齐
却有可能使人坠入一种幻觉当中，认为"我也可以成功"！殊不
知一个人的成功是需要很多条件配合的，并不是一蹴而就。另
外，成功者的成功模式因为个性、主客观条件的不同，并不一定
适合每个人。所以在"以成功者为师"的同时，也要"以失败者
为师"，把失败者的失败当成一个案例，仔细探查失败的真正原
因，以此作为自己的警惕，避免再犯同样的错误！

这位企业家说，他从创业开始到现在，从未停止仔细观察同
行及非同行的失败原因；别人是在失败中汲取教训，他是从别人
的失败中汲取教训，因此他不但顺利创业，而且发展得非常稳
定。或许稍嫌开创不足，他说：企业的"存在"比"壮大"更重
要，因为有"存在"，才可能"壮大"，若为了"壮大"而失去
"存在"，那就失去创办企业的目的。何况失败是痛苦的事，更有
一失败就永无再起的可能，所以，"避免失败"比"追求成功"
更重要。

任何失败都是有原因的，不管是主观因素或客观因素。不过

要了解失败者的失败原因不太容易，失败者往往不愿意谈失败的过去，因为这会暴露自己的无能。如果你找到失败者本人谈，他大概也不会告诉你真相，他只会告诉你，他的失败是因为经济不景气、朋友拖累、银行紧缩银根，或是被出卖、被骗、被倒账……属于他个人的能力、判断、个性上的问题，他是不会告诉你的；何况有些失败者根本不知道他失败的原因。因此要了解失败者的失败原因，你得多方收集资料，参考专家的分析、同行的看法，至于这位失败者的个人条件，可从他的朋友处了解。

当把资料收集够了，把它一条条列出来，仔细分析，再归纳成几个重点。

不过并不是了解就算了，你必须把你所观察、分析到的东西拿来检验自己，和失败者的一切做个对照比较。如果你的个性、能力和其他主客观因素都有和那失败者相似之处，那么就要提高警觉。弱的地方要加强，不好的地方要改善，这样你就可避免和那失败者犯同样的错误，成功的概率自然会大为提高。

除了自己经营事业要以失败者为师之外，一般做人做事也应以失败者为师。

在做人方面，多参考他们的个性，观察他们平日的来往和作为，你就可以知道他们做人失败的原因在那里。

在做事方面，"失败者"的例子更多，这里所谓的"失败"包括做得不尽完善的事，这些事一般都会由主管开会进行检讨，这种检讨有时只是应付应付，但因为近在身边，所以不管检讨是不是在"应付"，你都会有不错的收获。

曾有一将军说过，两军对阵，谁犯的错误少，谁就得胜。做事也是一样，犯的错误少，成功的概率就提高，而要减少错误，就是"以失败者为师"，这种教训并不需要你以失败去换取，多么划算！

培养跨行业学习能力

我有个同学，念大学时他就显得比别的同学懂得多，毕业十几年后见到他，他还是比我见多识广。

有一次聊天，他无意中说出他喜欢向不同行业的人吸取新知识。真是一语惊醒糊涂人，难怪他一碰到我就一直和我谈我的工作，而我对他那一行却如同雾里看花，一知半解。

他告诉我，他在念书时就有这个习惯，除了看报、看杂志，充实专业知识，他还会想办法和别的科系的同学聊天，所以有些科系他虽然没有进修，但多少都懂一些。此外，他也和来自不同地方、不同背景的同学聊天，所以才到大三，就已像一个在社会上做事了好几年的人一样练达。

走上工作岗位后，他让这个习惯成为自己工作的一部分。他和同一单位，不同专长，不同背景的人聊天，也和不同单位的人聊天，更和非本行的外界人士交朋友。

他的做法是这样的：

在有聚会的场合，交换过名片后，他会在恰当的时机挑选一个具有新闻性的话题，向他"锁定"的对象发问。大部分人都喜欢在公众场合中受到注意，有人发问，当然恨不得把所有时间包下来，好好讲个痛快。所以问的问题或许不很专业，但得到的回答却很专业。而因为这一问，也交到了朋友——那么多人只有你问我，当然就对你有特别的印象啦！于是他会准备第二次见面。

如果是"非聚会"的一般场合，他会恰当地和对方聊一下，几乎每个人碰到他，都会很乐意说一些，因为他的发问，给了对方一种"被尊重"的感觉，当然话匣子就关不住。

　　因此，我那位同学知识面的"广博"就不意外了。

　　他现在是一家外资公司的经理，而他的升迁和他的"习惯"是不是有直接关系不得而知，但没有直接关系至少也有间接关系，因为对不同行业了解得多，有助于对本行业的判断和思考，至少朋友多，做事也方便。

　　至于如何"向不同行业的人吸取新知"，我的同学也提出一些要诀。

　　——要抱着"请教"的态度。谁都不敢自诩是"专家"，但有人向自己"请教"，可能就会轻飘飘起来。你用"请教"捧了他，他不"知无不言"才怪！但要记住，千万不要和对方辩论，宁可多提几个问题让他解释；辩论不会有结果，而且了解对方的行业才是你的目的，你辩赢了，还会失去可以成为朋友的人！若对方不愿和你辩而冷淡以对，你不是更自讨没趣吗？

　　——妥善找寻问题的切入点。你总不能开口就说"请你介绍你的行业"吧？太幼稚的问题，对方有时会不耐烦，懒得回答。"切入点"如何找？方法是多看报章杂志，广泛了解社会的脉动。如果一时找不到，从景气问题下手准没错。

　　——态度要诚恳、认真，不要给人"只是随便问问"的感觉。最好能做笔记，对方看你做笔记，想不感动也难。

　　——不要急于求成。太急于了解对方的行业，会让对方以为你别有所图而采取闪躲的态度。先交朋友再了解，这样就不会打草惊蛇。一次了解一点，彼此熟了，自然就可以作深入地了解了。

　　总之，不要认为和你不相干的行业就和你的工作不相干，各种行业都有依存关系的。所以，打开你的心灵大门，去接纳各种不同的背景、不同行业的人，向他们学习吧！

一边学习，一边创造

在霸气的人眼中，学习不只是学习，而是以本身所学为基础，自行再创造出新东西的一种过程；学习的目的，不在于培养另一个教师，也不是人的复制，而是在创造一个新的人，世界之所以进步即在此。

学习知识是为磨炼智慧而存在的。假如只是收集很多知识而不消化，就等于徒然堆积许多书本而不用，同样是一种浪费。

霸气的人也蔑视一般的学习，他们认为一般的学习只是一味模仿，而不是任何的创新。实际上，学习应该是怀疑、思考和提高知识能力的过程。

一个人的知识越多，懂得越多，就越会发生怀疑，就越觉得自己无知。而怀疑正是学习的钥匙，能开启智慧的大门。求知的欲望正是不懈学习、探求的动力，而怀疑让自己不断进步。

好的问题常会引出好的答案。好的发问和好的答案同样重要。问题提得出人意料，答案也常常是深刻的。没有好奇心的人，不会产生怀疑，思考就是由怀疑和答案共同组成的。所以，智者其实就是知道如何怀疑的人。

人没有理由对什么事都确信无疑。怀疑一旦开始，疑点便愈来愈多，循着怀疑的线索去追寻答案，就可以解答很多迷惑和怀疑。

但过分的思考易使行动迟缓。的确，犹豫是非常危险的，人们必须在最适当的时候，遂下决断，否则便会坐失良机。只有适时而大胆地行动，才能掌握胜利；临阵踌躇不决，将丧失战机。

人不能为了学习而学习。学习是让自己丰富，更让自己变得灵活、机智、善于洞见。在这个世界上，相同的事情绝对不会重复出现。因此，当面临一种新的状况时，谁也不能把以前所学的东西，原本不动地运用上去。学习到的东西只能给人以知性的感觉。

而学习正是为了锤炼知性，使知性更加敏锐。

敏锐的知性可以抓住瞬间的机会，预见未来的趋势，洞悉细微处的微妙变化；把握宏观而抽象无形的东西。学习的目的便是培养这种洞若观火的洞察力。

在古罗马和古希腊有两个著名的演说家，一个叫西塞罗，一个叫狄莫西尼斯。每当西塞罗的演讲结束时，听众都一起鼓掌并大叫："说得真好，我又学到了新的知识！"每当狄莫西尼斯的演讲结束时，听众都转身就走："说得真好，让我们开始行动吧！"

著名学者吉米·洛恩说过："世界上有两种人，他们都在同一本书上读到吃苹果有益于健康的知识，其中一个说：'我学到了知识'，另一个二话不说，直接走到水果摊前买了几斤苹果。"吉米·洛思认为买苹果的人是真正的聪明人，因为他们能够学以致用。而那些"学到了新的知识"却不懂运用的人，充其量只是一个书呆子。你见过哪一个有钱人是书呆子吗？

知识只有在运用时才能产生力量。一个人不能为了学习而学习。培根在提出"知识就是力量"的口号以后，又作了补充，他说："学问并不是各种知识本身，如何应用这些学问乃是学问以外的、学问以上的一种智慧。"这也就是说，有了知识，并不等于有了与之相应的能力，运用与知识之间还有一个转化过程，即学以致用的过程。

如果你有很多的知识但却不知如何应用，那么你拥有的知识就只是死的知识。鲁迅说："用自己的眼睛去读世间这一部活书"，"倘只看书，便变成书橱，即使自己觉得有趣，而那趣味其实是已在逐渐硬化，逐渐死去了"。死的知识不但对人无益，不能解决实际问题，还可能出现害处，就像古时候纸上谈兵的赵括无法避免失败。因此，我们在学习知识时，不但要让自己成为知识的仓库，还要让自己成为知识的熔炉，把所学知识在熔炉中消化、吸收。

学习就像你在磨刀石上磨斧子，为的不是你从石头上获得什么，而是使斧子变得更锋利。

第七章　君子坦荡，以德服人

　　一个人想要成点小事，也许靠聪明就能实现。但若想成大事，非得将德行立起来不可。高洁的品行是一个人最宝贵的财产，它构成了人的地位和身份本身，它是一个人在信誉方面的全部财产。它比财富更具威力，它使所有的荣誉都毫无偏见地得到保障。它时时可以对周围的人产生影响，因为它是一个人被证实了的信誉。

诚信是立身之本

"一诺千金"的典故出自《史记·季布来布列传》之"借黄金百斤，不如得季布一诺。""诺"在古代的意思相当于现代的"好""可以"或"行"，古人在应承他人时，一般用"诺"作答。"一诺千金"的意思为：一句许诺价值千金。后世用此来比喻一个人说话算数，讲信用。

春秋时期，齐桓公的军队将鲁国打得丢盔弃甲，占领了鲁国的大片土地。齐国大军兵临鲁国都城城下，鲁庄王眼看要做亡国奴，急忙向齐桓公求和，并献出遂邑。齐桓公答应了鲁庄王的请求，两国决定在柯地举行签约仪式。可是两国国君把盟约刚刚签完，鲁国大将军曹沫就冲上前去，用匕首抵住了齐桓公的脖子，威吓说："谁也不要上前，否则我就杀了他。"齐国的谋士和将官们都害怕齐桓公有什么不测，不敢上前，只好问："你想干什么？"曹沫激动地说："齐国强大、鲁国弱小这是事实，但是齐国侵占鲁国的领土也太多了，以至于齐国的边境已经延伸到了鲁国的城墙下。鲁国的城墙一倒塌，就会压着齐国的领土。请你们考虑一下吧！"言下之意就是，你们把侵占鲁国的土地都还给鲁国，否则就对你们国君不利。

齐桓公被曹沫胁持，刀子架在自己脖子上，他知道如果不答应曹沫的要求，自己肯定活不成，于是就急忙对曹沫说："好好好，我答应你把侵占鲁国的土地都还给你们。"此话一出，曹沫方才放下了手中匕首，放开齐桓公，将他推到齐国臣子的行列中。

齐桓公对此恼羞成怒，脱险后就想违背信约。这时，大夫管仲对他说："您这样做不妥，人家劫持您是不想和您订立盟约，您事先没有料到这件事，这说明您并不聪明；您面临危险，不得不听从人家的威胁，这说明您并不勇敢；您答应了人家却又不想兑现承诺，这说明您不讲信用。作为一国的国君，您既不勇敢，又不聪明，现在您又想不讲信用，失去了这三点，还会有谁会真心服您呢？而如果您如约还给鲁国土地，这样世人就会给您诚信的美名，这比起鲁国的土地要有价值得多啊。"齐桓公听了，觉得管仲说得很有道理，就如约把侵占鲁国的土地还给了鲁国。诸侯们听说了齐桓公信守诺言的这件事情，都觉得齐桓公是个值得信赖的人，因而都纷纷依附齐国。两年以后，诸侯接受齐桓公的邀请，到甄地聚会，他们心悦诚服地请齐桓公主持大会。从此，齐桓公成为诸侯公认的霸主，开始号令天下，创设了"九合诸侯，一匡天下"的辉煌业绩。

有道是"大丈夫一诺千金"，但真正能做到一言既出、驷马难追的人并不多，更别说像齐桓公那样能对自己违心的诺言负责了。我们几乎每天都在许诺，但一些诺言甚至被我们忘记了，更别提负责了。比如有人夸你从家乡带来的特产好吃，你可能会随口回答："是吗？下次我回家给你带一些来。"下次你带了吗？如果对方不是领导不是所谓的"贵人"，我估计你十有八九忘了遵守诺言。类似的有意无意的承诺，在我们的生活中随处可见。

除轻诺而导致的寡信外，最为常见的失信是因为践行的难度太大，自己不愿付出太多或根本就无力付出太多。

《周书》咏叹道："允哉！允哉！"允，就是真诚守信用的意思。诚笃守信简直就是一种强大的生命资本，有万般神奇的功效，它在无形之中左右着人们的功名事业乃至生命的祸福休咎。

处世为人之道，大概没有什么比诚笃守信、取信于人更为重要的了。你的言行举止，时刻不可丢弃了这个根本。与人交往时，只要有这个根本存在，只要别人信任你，其他方面的缺陷或许还有弥补的机会。若失去了这个根本，别人不相信你了，别人不愿再与你共事，不愿再与你打交道，那么，你只能去孤军奋战、四面楚歌。

讲信用，守信义，是立身处世之道，是一种高尚的品质和情操，它既体现了对他人的尊敬，也表现了对自己的尊重。但是，我们反对那种"言过其实"的许诺，我们更反对"言而无信""背信弃义"的丑行！

讲信用是忠诚的外在表现。人离不开交往，交往离不开信用。"小信成则大信立"，治国也好，理家也好，做生意也好，都需要讲信用。一个讲信用的人，能够言行一致，表里如一，人们可以根据他的言论去判断他的行为，进行正常的交往。如果一个人不讲信用，说话前后矛盾，做事言行不一，人们无法判断他的行为动向，对于这种人是无法进行正常交往的，更没有什么魅力而言。守信是取信于人的第一要素，信任是守信的基础，也是取信于人的方法。

失信于人，圣人们一贯将此视为人生最严重的事件。孔子不厌其烦地对弟子们说："人而无信，不可其可也。大车无輗，小车无軏，其何以行之哉？"——人之为人而不讲信用，失信于人，真不知道他怎么可以配作为人。如同大车没有接榫，小车没有车轴，它靠什么行走呢？中国古人本诸天人合一的思想，认为天地变化，四时运转也不失信于人，它是有规律地运行变化以生成万物。若天失信于人，运行不成规律，则人类无法计时数岁；若地失信于人，运行不成规律，则节气阴阳皆会混乱而致草木不生；若春风失信于人，不按时吹拂大地，则花不盛开，果实不生；若夏日失信于人，不按时照射万物，植物不能成熟；若秋雨失信于人，不按时飘洒，谷粒不能坚实饱满；若冬雪失信于人，不按时降临埃尘，土地得不到坚冰严冻，害虫泛滥，土地板结。

天地对人守信如斯，人与人之间怎么能相互失信呢？

一身正气，顶天立地

有位实习护士在实习期即将结束时，协助医院院长做一台外科手术时，和院长出现了矛盾。实习护士认为手术一共用了12块纱布，而院长只取出11块，因此不能缝合伤口。而院长坚持只用了11块纱布，已经全部取出来了。院长是外科领域的专家，他丝毫不领会实习护士的异议，头也不抬地说："一切就绪，立即缝合。""不，不行！"实习护士抗议："我记得非常清楚，我们一共用了12块纱布！"院长仍旧不为所动。

这位实习护士毫不示弱，她几乎大声叫起来："你是医生，你不能这样做。"直到这时，院长冷漠的脸上才露出欣慰的笑容。他举起左手里握着的第12块纱布，向所有的人宣布："她是我最合格的助手。"

似乎有不少在引述这则故事时，为实习护士面对权威时的自信叫好。而编者在此要叫好的，是该护士的正直。古往今来，有多少自信自己正确的人，因为正直之心蒙尘，在压力之下做了违心之事、说了违心之话，或曲意逢迎，或助纣为虐。这些人终究算不上霸气的人，迟者是钉在耻辱柱上示弱的可悲者。

正直是什么？美国成功学研究专家 A. 戈森认为，在英语中"正直"一词的基本含义指的是完整。在数学中，整数的概念表示一个数字不能被分开。同样，一个正直的人也不会把自己分成两半，他不会心口不一，想一套，说一套——因为实际上他不可能撒谎；他也不会表里不一，说一套，做一套——这样他才不会违背自己的原则。正是由于没有内心的矛盾，才给了一个人额外的精力和清晰的头脑，使他必然地获得成功。A. 戈森认为，正直的人之所以被人称颂，实际上意味着他有某种内在的一定之规。

正直意味着高标准地要求自己。许多年前，一位作家在一次倒霉的投资中，损失了一大笔财产，趋于破产。他打算用他所赚取的每一分钱来还债。三年后，他仍在为此目标而不懈地努力。为了帮助他，一家报纸组织了一次募捐，许多人都慷慨解囊。这的确是个诱惑，因为有了这笔捐款，就意味着结束了折磨人的负债生涯。然而，作家却拒绝了。几个月之后，随着他一本轰动一时的新书问世，他偿还了所有剩余的债务。这位作家就是美国著名短篇小说家马克·吐温。

正直还意味着有高度的名誉感。名誉不是声誉，伟大的弗兰克·赖特曾经对美国建筑学院的师生们说："这种名誉感指的是什么呢？那好，什么是一块砖头的名誉感呢？那就是一块实实在在的砖头；什么是一块板材的名誉呢？那就是一块地地道道的板材；什么是人的名誉呢？这就是要做一个真正的人。"弗兰克·赖特恰恰如此，他不愧为一个忠实于自己做人标准的人。

正直意味着具有道德感并且遵从自己的良知。马丁·路德在他被判死刑的城市里面对着他的敌人说："做任何违背良知的事，既谈不上安全稳妥，也就更谈不上明智。我坚持自己的立场，上帝会帮助我，我不能做其他的选择。"

正直意味着有勇气坚持自己的信念，这一点包括有能力去坚持你认为是正确的东西。正直意味着自觉自愿地服从，从某种意义上说，这是正直的核心，没有谁能迫使你按高标准要求自己，也没有谁能勉强你服从自己的良知。

第二次世界大战期间，一位美国陆军联络官和他的士兵开车走错路，迎面遇上了一小队德军。两个人跳出车外，都隐蔽起来。士兵躲在路边的灌木丛里，而上校则藏在路下的水沟中。德国人首先发现了士兵并向他隐蔽的方向开火。上校当时还没有被发现的，然而，他却跳出来还击——用一支手枪对付一队德国兵。他当然被杀害了，但那个司机却保住了性命。战后，士兵对人们讲述了这个故事。为什么这位上校要这样做呢？人们众说纷纭，但比较多的人认为，作为军官，他可能担心被俘而泄露军事秘密，并且想让士兵活下来，毕竟他的责任心要强于他对自己安全的关心，尽管没有任何人这样去勉强他。

正直使人具备冒险的勇气和力量，正直的人直面生活的挑战，绝不会苟且偷安，畏缩不前。一个正直的人是有把握相信自己的人，因为他没有理由不信任自己。

正直经常表现为坚持不懈、一心一意地追求自己的目标，拒绝放弃努力的坚忍不拔的精神。"我们绝不屈从！绝不，绝不，绝不，绝不。无论事物的大小巨细，永远不要屈从，唯有屈从于对荣誉和良知的信念。"丘吉尔是这样说的，也是这样做的。

正直还会给一个人带来许多好处：友谊、信任、钦佩和尊重。人类之所以充满希望，其原因之一就在于人们似乎对正直具有一种近于本能的识别能力——而且不可抗拒地被吸引。

怎样才能做一个正直的人呢？第一步就是要锻炼自己在小事上做到完全诚实。当不便于讲真话的时候，也不要编造小小的谎言，不要去重复那些不真实的流言飞语，不要把个人的电话费用记到办公室的账上，等等。

这些事听起来可能是微不足道的，但是当你真正在寻求正直并且开始发现它的时候，它本身所具有的力量就会令你折服，使你在所不辞。最终，你会明白，几乎任何一件有价值的事，都包含有它自身的不容违背的正直内涵。

一个正直的人会在适当的时机做该做的事，即使没有人看到或知道。亚伯拉罕·林肯说得好："正直并不是为了做该做的事而有的态度，正直是使人快速成功的有效方法。"

正直就是力量，在一种更高的意义上说，这句话比知识就是力量更为准确。没有灵魂的精神，没有行为的才智，没有善良的聪明，虽说也会产生影响，但是它们都只会产生坏的影响。

正直人品表现为襟怀坦荡，秉公持正，坚持原则，刚正不阿。正直的反面则是伪善狡诈。正直的人，对人对事公道正派，言行一致，表里一致。虚伪狡诈的人伪善圆滑，曲意逢迎，背信弃义，拿原则做交易。正直和真诚是互相紧密联系的，只有真诚才能正直，反之亦然。观察一个人，可以把这两个方面联系起来，看他是真诚直爽，还是虚伪圆滑；是光明正大，还是阴险诡诈。这是区别人品的重要标准。

正直的品质并不是与每个人的生命息息相关，但它却成为一个人品格的最重要方面。正如一位古人所说的："即使缺衣少食，品格也先天地忠实于自己的德行。"具有这种正直品质的人，一旦和坚定的目标融为一体，那么他的力量就可惊天动地，势不可挡。

要有容人之量

一个人如果心胸狭小，总是从自私的角度去看问题，是无法得到他人的支持与拥护，因而无法成为真正意义上的霸气的人。想要成为霸气的人的人要力戒为人褊狭，一定要学会宽容他人。宽容不仅是习惯，也是一种品德，是胸有大志者应该养成有助于成功的德行之一。

中国人注重"德"，一个人有"德"才会服人。有才无德，这样的人也许可逞一时之势，却不能把握历史的方向，最终还是会被时间所摒弃。正是本着中华的这种"德"而行，多少中华名士，都是用他们身上的美德征服了世人，用他们宽容征服了世界。

古人说"有容德乃大"，又说"唯宽可以容人，唯厚可能载物"。从社会生活实践来看，宽容大度确实是人在实际生活中不可缺少的素质。做人要胸襟宽广，要有宽容平和之心，这不仅是一种魅力，更是成功的一种要素。

佛界有一副名联："大肚能容，容天下难容之事；开怀一笑，笑世间可笑之人"。谚语中还常说："将军额上能跑马，宰相肚里可撑船"，"忍一时风平浪静，退一步海阔天空"，这些话无非是强调为人处世要豁达大度，要奉行宽以待人的原则。也许是昨天，也许是在很早以前，某个人伤害了你的感情，而你又难以忘怀。你自认为不该得到这样的损伤，因而它深深地留在你的记忆中，在那里继续侵蚀你的心。

当我们恨我们的仇人时，我们的内心被愤怒充溢着，这就等于给了他们制胜的力量，那力量能够妨碍我们的睡眠、我们的胃口、我们的血压、我们的健康和我们的快乐。如果我们的仇人知道他们如何令我们苦恼，令我们心存报复的话，他们一定非常高兴。我们心中的恨意完全不能伤害到他们，却使我们的生活变得像地狱一般。

莎士比亚是一个善于宽以待人的人，他说过，不要因为你的敌人而燃起一把怒火，炽热得烧伤自己。广览古今中外，大凡胸怀大志，目光高远的仁人志士，无不是大度为怀，置区区小利于不顾，相反，鼠肚鸡肠，竞小争微，片言只语也耿耿于怀的人，没有一个是成就大事业的人，没有一个是有出息的人。

在待人处事中，度量直接影响人与人之间的关系是否能和谐发展。人与人之间经常会发生矛盾，有的是由于认识水平的不同，有的是由于一时的误解造成的。如果我们能够有宽容的度量，以谅解的态度去对待别人，就可以赢得时间，使矛盾得到缓和，反之，如果度量不大，那么即使为了芝麻点大的小事，相互之间也会斤斤计较，争吵不休，结果是伤害了感情，影响了友谊。在这个世界上我们各自走着自己的人生之路，熙熙攘攘，难免有碰撞，即使心地最和善的人也难免有伤别人的心的时候。朋友背叛了我们，父母责骂了我们，或爱人离开了我们，都会使我们的心灵受到伤害。

哲学家汉纳克·阿里德指出，堵住痛苦回忆的激流的唯一办法就是宽恕。1983 年 12 月的一天，教皇保罗二世就宽恕了刺杀他的凶手 M．A．阿格卡。对普通的人来说，宽恕别人不是一件容易的事情，在一般人看来，宽恕伤害者几乎不合自然法规，我们的是非观告诉我们，人们必须为他所做的事情的后果承担责任。但是宽恕则能带来治疗内心创伤的奇迹，以致能使朋友之间去掉旧隙，相互谅解。

当人们受到不公平的待遇和很深的心灵创伤之后，人们自然对伤害者就产生了怨恨情绪。一位妇女希望她的前夫和新妻的生活过得艰难困扰，一位男子希望那位出卖了他的朋友被解雇等，就是这种典型的怨恨心态。怨恨是一种被动的、具有侵袭性的东西，它像是一个化了脓且不断长大的肿瘤，使我们失去了欢笑，损害了健康。怨恨，更多地危害着怨恨者本人，而不是被仇恨的人，因此，为了我们自己，必须切除怨恨这个肿瘤。

在充满竞争的社会生活中，要认识到"人无完人"，既要求自己不断进步，又允许自己偶尔失败，才能保持心理上的平衡。

与人发生争论、冲突时，只要占到了理，就应主动给人台阶下，给别人留点面子，这样你不仅在道理上战胜了别人，更会在情感上战胜别人，赢得别人的信任和尊重。

不要把别人驳得说不出话来，不要与周围的人产生对立，要主动帮助他人，这样朋友就会越来越多，在遇到困难和挫折时，别人就会主动帮助你。

我们常听人说："我恨死××"。这种憎恨心理对人的不良情绪起了不可低估的作用。

在憎恨别人时，心里总是愤愤不平，希望别人遇到不幸、惩罚，却又往往不能如愿，处于一种失望、莫名烦躁之中，使人失去了往日那轻松的心境和欢快的情绪，扰得人心神不宁。

在憎恨别人时，由于疏远别人，只看到别人的短处，言语上贬低别人，行动上敌视别人，结果使人际关系越来越僵，以致树敌为仇。而且，今天记恨这个，明天记恨那个，结果朋友越来越少，对立面越来越多，严重影响人际关系和社会交往。

这样一来，不仅负面性生活事件的来源广泛，而且承受能力也越来越差，社会支持则不断减少，以致在情绪一落千丈之后便一蹶不振。

可见，憎恨别人就如同在自己的心灵深处种下了一颗苦种，不断伤害着自己的身心健康，而不是如己所愿地伤害被己所憎恨的人。所以在别人伤害了自己，心里憎恨别人时，不妨设身处地地考虑一下，假如你自己处在这种情况下，是否也会如此？

当你熟悉的人伤害了你时，想想他往日在工作或生活中对你的帮助和关怀，以及他对你的一切好处。

这样，心中的火气、怨气就会大减，就能以宽容的态度谅解别人的过错或消除相互之间的误会，化解矛盾，和好如初，从而使自己始终在良好的人际关系中心情舒畅地学习与工作。这样，宽容的是别人，受益的却是自己。

在很大程度上，人生是我们自己写就的。开朗快乐的人拥有快乐幸福的人生，而抑郁忧愁的人则拥有抑郁忧愁的人生。我们常常发现，我们的性情往往能折射出我们周围的现实。如果我们自己是爱发牢骚的人，我们通常也会觉得别人也爱发牢骚；如果我们不能原谅和宽容别人，别人也会以同样的态度对待我们。

当然，宽容并不是纵容，不是免除别人应该承担的责任。宽容所体现出来的退让是有目的、有原则的，其主动权应该掌握在自己手中，否则，他人会一而再、再而三地犯错，显示出你的软弱。

虚怀若谷，学会谦逊

老子在说"上善若水，水善利万物而不争"时，还进一步阐述了他的观点："处众人之所恶故几于道。"所谓"处众人之所恶"，强调的是要处于众人所不愿意处的地位，也就是讲做人要谦逊。如果能做到这些，该人就差不多参透了处世之道——"几于道"。

我们来看一位以谦逊著称的人——"石城"杰克逊。他是美国南北战争时期南方联盟的一员猛将，和另一位李将军一同被今天的人们推崇为世界上最伟大的军人。

托马斯·杰克逊似乎具有一种"天生的谦逊"。在西点军校，他就以谦卑著称。在墨西哥战争中，总司令斯科特将军曾对他的英勇善战给予了公开的盛情称赞，但杰克逊后来从未提及此事，甚至在他的至亲好友跟前都只字不提。直到他弥留之际，他还是坚决认为"石城"这一美誉不应当仅仅属于他个人，而应归他所率领的整个部队共同享有。

但是，就在墨西哥战争刚刚开始爆发时，在杰克逊写给他姐姐的信中，满纸都是他想要建功立业的勃勃雄心。而在当时，他只不过是拥有一个非常不起眼的副官的虚衔而已。信中，他还冷静地分析了完成这个目标的过程中可能遇到的困难。这位勇敢而谦逊的人为了达到自己的目的，曾有过一次聪明的举措，即主动要求从常规部队转到炮兵部队去。因为他相信，在那里，"长官们更容易把整个部队的功绩归功于某一个人"，这样无疑有利于自己的升迁。果然，他获得了斯科特将军的亲口赞赏，直接导致了他随后的几次升迁。几年以后，因为预先就看到当上弗吉尼亚陆军大学的教官必将"声名卓著"，我们又看到他用尽浑身解数去争取这个位置。

在杰克逊身上，我们又看到了矛盾：真诚的谦逊和敏锐的上进心共存。同样的这种表面上的矛盾，我们还能从其他的杰出人物那里找出很多。实际上，这里面根本没有什么矛盾。这些人只是一时在那些一定会被人们所注意到的事情上默不作声，而一旦他们引以为荣的功绩将要被人们忽视的时候，他们就会立刻采取迅速的行动。

例如，石油大王洛克菲勒在向别人解释自己成功的策略时，就总是说自己不过是找准了适宜的时机罢了，他并不认为自己知道得很多。

铁路建筑专家哈里曼也一贯都是这样的谦逊。他的一个很要好的老朋友甚至在他取得了事业上最辉煌的几次成功之后，还一直以为他不过是几百个有点成就的经纪人之一，因为哈里曼从未炫耀过自己的成就。

只有那些肤浅而又短见的人，才会喜欢在大家面前粉饰、吹嘘自己。他们总是陶醉在自我营造的一种浅薄、自命不凡的感觉中，自己的所作所为都受其支配。因此，他们才会不厌其烦地提醒别人自己做了多少事情，告诉别人自己的知识多么渊博，生怕别人把自己给忽视了。

然而，大多数人都不喜欢那些随时随地都把自己变成焦点的人，有时，他们甚至恨不得当场把这些爱慕虚荣的家伙的华丽外衣撕开，让其露出丑陋的真面目来。因此，这种虚荣不仅不会给我们带来任何好处，反而可能会给我们带来灭顶之灾。伟大的人物往往能从这种浅薄的虚荣中解脱出来。他们懂得保持谦逊的态度才能赢得人们的尊敬，他们总是能在很多事情的处理上恰到好处地表现自己的谦逊。事实证明，这是博取美誉的最好办法。

举个实例来说。巴拿马运河的建造者哥萨尔斯将军在建造运河的过程中，当别人对他的事业提出批评时，他常会这样说："我们以后会回答这一问题的——用运河本身。"果然，当巴拿马运河顺利完工时，哥萨尔斯便达到了他个人声望的顶峰。然而，面对那些公开的庆祝活动，他却几乎统统加以回绝了。当第一艘轮船驶过这条运河，人们朝穿着衬衣站在佩德罗·米格尔水闸上的哥萨尔斯发出热情欢呼的时候，他却飞快地逃跑了。和许多英雄一样，哥萨尔斯对自己的成绩从来不会大肆声张，而宁愿让它们自己说话。事实上，正因为他们的谦逊，这些成功的霸气的人才会赢得赫赫声名。

谦逊是人恪守的一种平衡关系，使周围的人在对自己的认同上达到一种心理上的平衡，让别人不感到卑下和失落。非但如此，有时还能让别人感到高贵，感到比其他人强，即产生任何人都希望能获得的所谓优越感。这种似乎在贬低自己的"愚蠢"行为，其实得到的更多，如他人的尊重与关照。

古希腊哲学家苏格拉底曾说：谦逊是藏于土中甜美的根，所有崇高的美德由此发芽滋长。

懂得谦逊就是懂得人生无止境，事业无止境，知识无止境。知之为知之，不知为不知，知不知者，可谓知矣。海不辞水，故能成其大；山不辞石，故能成其高。有谦乃有容，有容方成其广。人生本来就是克服了一个又一个障碍前进的，攀登事业的高峰就像跳高，如果没有一个刹那间的下蹲积聚力量，怎么能纵身上跃？人生又像一局胜负无常的棋，我们无法奢望自己永远立于不败之地。况且，"鹤立鸡群，可谓超然无侣矣，然进而观于大海之鹏，则渺然自小；又进而求之九霄之凤，则巍乎莫及"。只有建立在谦逊谨慎、永不自满的基础之上的人生追求才是健康的、有益的，才是对自己、对社会负责任的，也一定是会有所作为、有所成功的。

列夫·托尔斯泰也曾经有一个巧妙的比喻，用来说明骄傲，他说：一个人对自己的评价像分母，他的实际才能像分数值，自我评价越高，实际能力就越低。

托尔斯泰的比喻，生动地说明了一个人的自我评价与其真才实学之间的关系。愿这个比喻能牢记在读者心中，并时时起到警钟的作用。

淡泊心性，理性对待得失

俄国文学家托尔斯泰云：不幸的家庭各有各的不幸。把这句话套用在作为个体的人身上也非常贴切：不幸的个人各有各的不幸。不过，归纳起来，人的不幸大部分源于"得失"二字：想要得到某些东西，但却得不到，于是愤恨、嫉妒、气急败坏等各种情绪便出现了。抑或是你不想失去什么，却偏偏失去了，于是就变得沮丧、挫折、怨天尤人。一个人既忧心于得不到所要的东西，又悔恨于所失去已经拥有的，再加上担心可能将要失去的东西。得失之间，内心忐忑，岂能不苦？

一对经常吵嘴的夫妻，有一天一起出游，经过一个小湖。太太看到湖上两只鹅恩爱地相互依偎在一起，就感慨地说："你看，他们多恩爱呀！"

丈夫听了，一声不吭。

到了下午，这对夫妻回家时，又经过那小湖，依然看见那对鹅在湖面上卿卿我我，真是令人羡慕！

此时，妻子又开口了："你要是能像那只公鹅一样体贴温柔，那就好了。"

"是啊！我也希望如此啊！"先生指着湖面上的那一对鹅说："不过，你有没有看清楚，现在那只母鹅，并不是早上那一只哦！"

俗话说："有一好，就没两好。"蜡烛不可能两头烧，甘蔗不可能两头甜。得到娇妻是好吧，但你在得到的同时，意味着要失去单身时代的无拘无束。而且，当你找了一个会持家的人，她对你的某些嗜好也可能"精打细算"；而当你找了一个懂得浪漫情趣的人，免不了她也可能对别人浪漫体贴。

　　还有一则故事，说的是精神病院的两个病人。第一个病人手里总握着一张女人的照片，一边哭一边用头撞墙壁。照片上的女人是这个人曾经深爱过的人，但是那女人却嫁给了别人。这人因为打击巨大而精神失常，在精神病院，他不论醒着或睡时，都不肯将照片放下。另一个病人口里老是嘟囔着一个名字，一边哭一边用头撞墙壁。这个人嘟囔着一个女人的名字，声称要杀了她。他嘴里的女人是他的妻子，因为妻子长年累月的刁难、刻薄与讥讽，他精神失常了。

　　这个故事似乎很平常。不过，如果你知道了后者所念叨的名字就是前者相片中的人的名字，就会感觉出其中的不平常了。其实，任何事物都是一样——有得必有失，有失必有得，得失都是相对的。当你失去某些东西，就会得到另一些东西；当你想要得到某种东西时，你也会失去另一种东西。任何事物皆有"互为因果"的关系。今天某件看起来"得"的事物，可能已经种下明天另一件事物"失"的因子。相对来说，明日之"失"也可能是后日之"得"。

第八章　良好心态成就大气人生

　　心态分为积极心态和消极心态。所谓积极心态，是指对任何人、情况或环境都持有诚恳的、具有建设性的思想、行为与反应。积极心态有助于人们克服困难，使人看到希望，保持进取的旺盛斗志，激发人身蕴藏的无限潜力。而消极心态使人沮丧，失望，对生活和人生充满了抱怨，自我封闭，限制和扼杀自己的潜能。

　　积极心态创造人生，消极心态消耗人生。积极的心态像太阳，即使是照在尘埃上也熠熠发光；消极的心态像月亮，初一十五不一样。

做一个自信的人

　　大多数霸气的人可能不是最聪明的、最富有资源的、最被公众看好的人，但他们一定是最自信的人。著名的励志大师拿破仑·希尔认为，一个人的成就，绝不会超出他的自信所能达到的高度。无论做什么事，坚定不移的自信都是达到成功所必需的和最重要的因素。

　　据说当年只要是拿破仑亲率军队作战，同样一支军队的战斗力便会增强一倍。原来，军队的战斗力在很大程度上基于士兵们对于统帅的敬仰和信心。如果统帅抱着怀疑、犹豫的态度，全军便会混乱。拿破仑的自信与坚强，使他统率的每个士兵增加了战斗力，而他统率的军队的确创造了马伦戈、奥斯特利茨、耶拿等以少胜多的战例。

　　想象一下：拿破仑在率领军队越过阿尔卑斯山的时候，只是坐在那里说："这件事太困难了"，无疑，拿破仑的军队永远都不会越过那座高山。

　　有一次，一个士兵骑马给拿破仑送信，由于马跑得速度太快，在到达目的地之前猛跌了一跤，那马就此一命呜呼。拿破仑接到信后，立刻写封回信交给那个士兵，吩咐士兵骑自己的马，从速把回信送去。

　　那个士兵看到那匹强壮的骏马，身上装饰得无比华丽，便对拿破仑说："不，将军，我是一个平庸的士兵，实在不配骑这匹华美强壮的骏马。"

　　拿破仑严肃地回答道："世上没有一样东西是法兰西士兵所不配享有的。"

世界上到处都有像这个法国士兵一样的人！他们以为自己的地位太低微，别人所有的种种幸福是不属于他们的，以为他们是不配享有的，以为他们是不能与那些伟大人物相提并论的。这种自卑自贱的观念，往往成为不求上进、自甘堕落的主要原因。

如果我们去分析研究那些成就伟大事业的霸气的人的人格特质，那么就可以看出这样一个特点：这些霸气的人在开始做事之前，总是具有充分信任自己能力的坚强自信心，深信所从事之事业必能成功。这样，在做事时他们就能付出全部的精力，破除一切艰难险阻，直到胜利。

自信并非天生，而是后天中逐渐养成或丧失的。如何养成高度的自信，做一个霸气的人呢？

第一，拥有成功的经历，是形成自信心最重要的条件。任何一个人，或多或少总有过让自己自豪及成功的经历，要善于从自己的成功中总结一些规律性的东西。心理学的研究证明：一个人内在的动力、抱负的层次与其成功的经历是密切相连的。成功的经历越丰富、越深刻，他的期望就越高，抱负也就越大，自信心也就越强。而对于缺乏自信心的人来说，最重要的是寻求成功的机会，并确保首次努力获得成功。一个接一个的成功，是给人自信的最佳途径。

第二，正确地进行自我批评，有利于自信心的培养。每个人都会在自己前进的道路上设立一个又一个目标，近期目标的后面还会出现一个远期目标，每一个目标的设立都应建立在正确的自我评价基础之上。每个人都有自己的长处，也都有自己的短处，倘若你既能正确对待自己的长处，又能认清自己的不足，扬长避短，目标就会实现，自信心的培养也就进入良性循环。

第三，重视榜样的作用。一个人不管是自觉的还是不自觉，事实上都在受周围人们的影响。为了充实自信心，你不妨在所熟悉的人中，找寻一个值得自己学习、仿效的榜样，设法赶上并超过他。同时，你应该多交有自信的朋友，远离那些自卑心强的朋友。

直面恐惧，迎接挑战

一位功勋显赫的老兵在回忆一场恶战时，对前来采访他的记者说：在冲出壕沟发起冲锋的瞬间，我当然也害怕，心里也有恐惧，只不过我战胜了心中的恐惧。

霸气的人并非无所畏惧的，他也会有恐惧，他与弱者的区别是：弱者会听从恐惧的话，屈服与恐惧的淫威；而霸气的人敢于正视恐惧，迎接挑战，就像鲁迅先生所说的——真的勇士，敢于直面惨淡的人生。明知山有虎，但缘于责任与担当，霸气的人选择的是偏向虎山行。

当你像哥伦布一样，去到人迹未至的大海之中，你会有恐惧，而且是很深的恐惧，因为你不知道后头将会发生什么事。你离开了安全的陆地，从某个角度看，在陆地上的一切都很好，唯独欠缺一样——冒险。一想到未知，你全身汗毛竖起，心再度跳动起来，又是个十足鲜活的人，你的每一根纤维都变得生龙活虎，因为你接受了未知的挑战。

不管一切恐惧，接受未知的挑战就叫勇敢。恐惧会在那里，但当你一次又一次地接受挑战，慢慢、慢慢地，那些恐惧就会消逝。伴随未知所带来的喜悦和无比的狂喜，这些经验会使你坚强、使你完整，启发你的敏锐才智。生平头一次，你开始觉得生命不是了无生趣的，生命其实是一场冒险，于是恐惧逐渐消失了，之后你会总是去探索冒险所在的地方。

基本上，勇气是从已知到未知、从熟悉到陌生、从安逸到劳顿的一趟冒险之旅，这趟朝圣路上充满险阻，而你不知道目的地在哪里，也不知道你是否能到达，这是一场较量，唯有霸气的人才知识人生是什么。

美印第安人喜欢这样一句话："不敢面对恐惧，就得一生一世躲着它。"

如果自己不能战胜恐惧，那么它的阴影就会跟着你，变成一种无法逃避的遗憾。我们不应该允许自己到了七老八十，才用苍凉的声音说："我本来想当一名作家的……"或者"我小学的时候曾经得到演讲比赛第一名，只是现在……我……我……我一在大家面前讲话就发抖。"

我们总不会因为担心别人嫌自己丑而永不出门吧。

不要因为惧怕空难和车祸而不敢去旅行，始终掩藏着自己渴望看到新奇事物的心情。

不要因为恐惧失望而害怕爱情……

以此类推，很多恐惧都会被击败。

永远不要颓废

世间有一种最难治也是最普遍的毛病就是"颓废","颓废"往往使人完全陷于绝望的境地。

一个人如果精神颓废，那么他的行动必然缓慢，脸上必定毫无生气，做起事来也一定会一塌糊涂、不可收拾。他的身体看上去就像没有骨头一样，浑身软弱无力，仿佛一碰就倒，整个人看起来总是糊里糊涂、呆头呆脑、萎靡不振。

一个萎靡不振、没有主见的人，一遇到事情就会习惯性的"先放在一边"，说起话来又是吞吞吐吐、毫无力量；更为可悲的是，他不大相信自己会做成伟大的事业。反之，那些意志坚强的人习惯"说干就干"，凡事自有他的主见，并且有很强的自信心，能坚持自己的意见和信仰。如果你遇见这种人，一定会感受到他精力的充沛、处事的果断、为人的勇敢。这种人只要认为自己是对的，就会大声地说出来；遇到确信应该做的事，就肯定会尽力去做。

对于世界上任何事业来说，不肯专心、没有决心、不愿吃苦，就绝不会有成功的希望。获得成功的唯一道路就是下定决心、全力以赴地去做。

颓废者从来无法给别人留下好的印象，自然也就无法获得别人的信任和帮助。只有那些精神振奋、踏实肯干、意志坚决、富有魅力的人，才能在他人心目中树立起信用。可以肯定地说，不能获得他人信任的人是无法成功的。

对于手头的任何工作，我们都应该集中全部精力。即使是像写信、打杂等微不足道的小事，也应集中精力去做，与此同时，一旦做出决策，就要立刻行动。否则，一旦养成拖延的不良习惯，人的一生大概也不会有太大希望了。

世界上有很多人都埋怨自己的命不好，别人为什么容易成功，而自己却一点成就都没有呢？其实，他们不知道，失败的源头是他们自己。如他们不肯在工作上集中全部心思和智力；做起事来，他们无精打采、萎靡不振；他们没有远大的抱负，在事业发展过程中也没有去排除障碍的决心；他们没有使全身的力量集中起来，汇成滔滔洪流……

以无精打采的精神、拖泥带水的做事方法，随随便便的态度去做事，谁也不可能有成功的希望。只有那些意志坚定、勤勉努力、决策果断、做事敏捷、反应迅速的人，只有那些为人诚恳、充满热忱、血气如潮、富有思想的人，才能把自己的事业带入成功的轨道。

有些青年人最易感染这种可怕的疾病，即没有明确的目标和没有自己的见地，正是因为这一点，他们的境况常常越来越差，甚至到了不可收拾的地步。他们苟安于平庸、无聊、枯燥、乏味的生活中，得过且过的想法支配着他们的头脑。他们从来想不到要振奋精神，拿出勇气，奋力向前，结果往往使自己沦落到自暴自弃的境地。之所以如此，都是因为在他们的心目中缺乏远大的目标和正确的思想。随后，自暴自弃的态度竟然成为了他们的习惯，他们从此不再有计划、不再有目标、不再有希望。

弱者好颓废，霸气的人却高举热忱的火炬。热忱，是指一种热情的种子深植人人的内心而生长成一棵勃勃生机的参天大树。拿破仑·希尔喜欢称之为"抑制的兴奋"。如果你内心里充满做事的热忱，你就会兴奋。你的兴奋从你的眼睛、你的面孔、你的灵魂以及你整个为人多个方面辐射出来，令你的精神振奋。

热忱是一把火，它可燃烧起成功的希望。要想获得这个世界上的最大奖赏，你必须拥有过去最伟大的开拓者将梦想转化为全部有价值的献身热忱，来陪伴自己走过长长的探索之路。

塞缪尔·斯迈尔斯的办公桌上挂了一块牌子，他家的镜子上也吊了同样一块牌子，巧的是麦克阿瑟将军在南太平洋指挥盟军的时候，办公室墙上也挂着一块牌子，上面都写着同样的座右铭：

信仰使你年轻，

疑惑使你年老；

自信使你年轻，

畏惧使你年老；

希望使你年轻，

绝望使你年老；

岁月使你皮肤起皱，

但是失去了热忱，

就损伤了灵魂。

这是对热忱最好的赞词。培养并发挥热忱的特性，我们就可以对我们所做的每件事情，加上了火花和趣味。

一个热忱的人，无论是在挖土，或者经营大公司，都会认为自己的工作是一项神圣的天职，并怀着深切的兴趣。对自己的工作热忱的人，不论工作有多少困难，或需要多大的训练，始终会一如既往地向前迈近步子。只要抱着这种态度，你的想法就不愁不能实现。爱默生说过："有史以来，没有任何一件伟大的事业不是因为热忱而成功的。"事实上，这不是一段单纯而美丽的话语，而是迈向成功之路的指标。

实际上，热忱与内在精神的含义基本上是一致的。一个真正热忱的人，他内心的光辉熠熠发光，一种炙热的精神实质就会深深地植根于人的内在思想中。

无论是谁心中都会有一些热忱，而那些渴望成功的人们的内心世界更像火焰一样熊熊燃烧，这种热忱实际上是一种可贵的能量，用你的火焰去点燃别人内心热忱的火种，那么你又向成功迈进了一大步。

纽约中央铁路公司前总经理有一句名言："我愈老愈加确认热忱是胜利的秘诀。成功的人和失败的人在技术、能力和智慧上的差别并不会很大，但如果两个人各方面都差不多，拥有热忱的人将会拥有更多如愿以偿的机会。一个人能力不够，但是如果具有热忱，往往一定会胜过能力比自己强却缺乏热忱的人。"

不过，热忱不是面子上的功夫，如果只是把热忱溢于表面而不是发自内心，那便是虚伪的表现，不仅不能使自己获得成功，反而会导致自己失去成功的机会。

因此，训练热忱的方法是订出一份详细的计划，并依照计划执行，培养对热忱的持久感受，尽量使人的热忱上升，不使人的热忱逐渐下坠。

现在，告诉你如何建立热忱加油站，使你满怀工作热忱。

首先你要告诉自己，你正在做的事情正是你最喜欢的，然后高高兴兴地去做，使自己感到对现在的事业已很满足；其次，是要表现热忱，告诉别人你的事业状况，让他们知道你为什么对自己的事业感兴趣。

借助理想，充实人生

空虚，即无实在内容，不充实的意思。空虚心理指一个人的精神世界一片空白，没有信仰，没有寄托，百无聊赖。在漫长的人生道路上，心里空虚是令人烦恼的事。为了排除愁绪，摆脱寂寞，有人借酒浇愁，也有人用烟解烦，还有人寻求其他刺激，这些都是愚蠢的方式，并不能填补心中的空虚。精神空虚是一种社会病，它的存在极为普遍。当人们生活失去精神支柱，或因社会价值多元化导致某些人无所适从时，或者个人价值被抹杀时，就极易出现这种病态心理。

个人因素是产生空虚心理的重要原因，若一个人对自己缺乏正确的认识，总是觉得自己不如别人，对自己的能力估计过低，那就会导致整日抑郁、心灵空虚。再者，有的人对社会现实和人生价值存在错误的认识，以偏概全将社会看得一无是处，他们将个人价值与社会价值对立起来，只讲个人利益，不尽社会义务，当社会责任与个人利益发生冲突时，过分考虑个人得失，一旦个人要求不能得到满足，就"万念俱灰"。当然也还有些人有事业心、上进心和理想，但因与自己的能力和实际处境相差太远，而陷入"志大才疏""心比天高"的窘境之中，因而常感到沮丧、空虚。

人是需要有精神支柱的。也就是说，一个人要有理想、有抱负、有志气，才能迎接挑战，有为于世界。如何走出精神空虚的低谷，使我们的心灵充实起来呢？

永远不要丧失激情

1923 年 5 月 27 日，萨默·雷石东出生在美国波士顿一个清贫的犹太人家庭。17 岁时，进入哈佛大学。31 岁时，萨默·雷石东第一次创业，经营"国家娱乐有限公司"，30 年后，积累了 5 亿美元财富。50 岁时，萨默·雷石东经历一场火灾，险些丧命。63 岁时，他第二次创业，收购维亚康母公司。78 岁时，萨默·雷石东被《福布斯》评为全球第十八位富豪。现在，80 多岁的他管理着全球最大的传媒娱乐公司——维亚康母公司。

50 多年间，雷石东大胆的扩展使自己从一个汽车影院的老板，成为一个年收入达 246 亿美元的传媒帝国的领袖，他崇尚的信条是"A Passionto Win"（赢的激情）。这也是他的自传的名字，没有埋怨，只有顽强斗志。

"我的价值观始终不曾改变，那就是永远追求赢的激情，这种激情体现了我生命全部的意义。"正是这种赢的激情和坚忍不拔的毅力使雷石东度过了生命中最艰难的岁月，并且乐观向上。他曾说：

什么事情都是可能的，要想真正成功的话，必须要有想当第一的愿望才行，并不在于他们是商人，是医生、律师还是老师。我对工作的热情始终未减，赢的意志就是生存的意志。我心中那股赢的激情使我感到永远年轻。

1973 年的一天，为了参加华纳兄弟电影公司一个部门经理的聚会，萨默·雷石东来到了波士顿。入驻 Copley 大厦。按照计划，他应该在第二天赶往纽约。他们正计划在纽约大都会地区开张第一家室内影院 Sunrise Multipex，有很多工作要做。而在酒店举办的聚会可能要持续到深夜，所以他只好在 Copley 大厦住一夜，第二天再赶往纽约。然而，正是这看似平常的一夜，却险些断送他性命——一场火灾袭击了他。以下是他的自述：

夜已经很深了，我开始渐渐进入梦乡，脑子里仍然在想着明天的工作。时近午夜时分，我突然闻到了一股烟味。

从来没有人教过我如何处理这种情况。在入住一家旅馆的时候，通常人们不会料到这样的事情。所以我犯了一个很"经典"的错误：打开门。住在隔壁的那个部门经理犯了更大的错误：他直接冲到了走廊里，结果窒息而死。我身陷火海。大腿开始被烧伤。看来我要被活活烧死了。虽然情况这么危急，但我还是清醒地意识到，这样死可不好看。

我开始慢慢靠近窗户。窗子被钉死了，我试着打开另一个窗子，成功了。我努力爬了出去，跪在一个小小的窗棂上，刚好能容下一只脚。当时我在四楼，如果跳下去的话，我死定了。大火从屋里向外蔓延，我努力低头避开从窗子中射出来的火焰，但手指却不得不紧紧死扣住窗户的边框，右手和肩膀被火烧得嗞嗞作响。

大火熊熊，让人闻声丧胆。从屋子里喷出的火焰烧着了我的睡衣、腿部，胳膊也被烧得斑痕累累。虽然疼得揪心，但我还是不能放弃，那是死路一条！我开始数数，努力使自己忘记眼前的伤痛，从一到十，再从一到十……当时唯一希望的事情就是消防车赶快来救我。

他们并没有出现。由于担心旅馆的名誉受到损害，旅馆方面并没有打电话报告消防队。这太让人难以忍受了！我挂在那里，时间一秒一秒地过去，对我来说，时间好像停止了一样。

终于，一个带着钩子的梯子伸到了我身边，一名消防队员爬了上来，把我夹在胳肢窝里，带回地面。在城市医院，我被放到了一张桌子上，隐隐约约听到医生们在讨论，给他来这么多这个，来那么多那个。他们说的一定是指吗啡，因为烧伤的痛苦简直让人难以忍受。然后我就昏了过去。我的家人都来到了医院，医生告诉我的家人，我可能活不过今晚。

第二天醒来以后，医生告诉我诊断结果：三度烧伤，烧伤面积45%以上；我在大火时悬挂的右手腕几乎已经脱离了身体。但我却并没有感到自己烧伤的面积是如此之大，相反，我感觉还不错。能活下来真是太好了！还得感谢那些药物。毕竟，对于一个55岁的人来说，能否继续生存是一个非常严肃的问题。但大家都认为，即使我能活下来的话，恐怕我这一辈子再也无法站起来走路了。

我身体45%的皮肤都被烧掉了，为了覆盖伤口，医生必须进行皮肤移植：他们要从我身体的其他部分取下一些皮肤，然后把它移植到那些被烧掉的地方，希望能够再生。而通常只有在手术非常成功的时候，这种情况才可能出现，但这是能让我重获血肉之躯的唯一办法。

我已经感觉不到伤痛了，烧伤地区的所有神经都已经被烧死了，但皮肤被一条条撕掉的疼痛也是常人无法想象的。当安静地躺在那里的时候，我还能勉强忍受，而只要稍微移动一下身体，身上就像掉进了地狱一样。我想，如果我的孩子面临这样的处境的话，我宁可让他们死去。刚开始的时候，护士还给我注射了一些吗啡，但随后就停止了——并非因为我比较坚强，而是注射吗啡根本没用。当我知道这种药物不仅无法减轻我的痛苦，却反而可能会使我感染上毒瘾的时候，为什么还要继续使用它呢？医生们为我动了6次手术，一共是60个小时。我在医院里躺了好几个月。最后，在进行了第三次手术之后，大家都开始相信：我能活下来了。医生们开始拆开我的绷带，检查皮肤移植是否成功。即使手术成功的话，完全恢复也需要几个月的时间；如果不幸失败的话，后果将是不堪设想的。Burke 医生看了看伤口，然后对我说："恭喜。""恭喜？"我开始慢慢坐起来。"你在恭喜我？我能活下来了！"

然后我开始进入漫长的恢复期，在接下来的几个月里，我必须重新学会行走。每天早晨，我都被从床上拽下来，开始练习走路，我必须在两个护士的搀扶下才能站直，然后试着把一只脚放到另一只脚的前面。刚开始的时候，这是非常困难的，我经常突然瘫下去，直到几周以后，这种情况才开始改变。我开始能勉强迈出一步，两步，然后是几步。渐渐地，我能够开始正常行走了。一天，当我穿着拖鞋和睡衣慢慢沿着走廊练习走路的时候，Dell 突然出现在走廊的尽头。我已经好几个星期没有见到她了。虽然刚刚经历了一场家庭悲剧，可当她看到我的时候，还是突然脸色一亮，忍不住欢呼起来，"雷石东先生，你能走路了！"

几个月之后，我终于可以回家了。我走出了麻省总医院。

火灾打开了我生活中新的一页，与死亡擦肩而过的遭遇使我对生活有了新的认识，在体会到了生命的可贵之后，我以更大的精力投入到了新的生活之中。

紧紧死扣住窗户的边框，即使是右手和肩膀被火烧得嗞嗞作响也不放手！这就是烧不死、打不垮的霸气的人萨默·雷石东！

生命的乐章要奏出强音，必须依靠激情；青春的火焰要燃得旺盛，必须仰仗激情。

有人说，激情犹如火焰，当阴霾蔽日之时，指给你奔向光明的前程；有人说，激情宛似温泉，当冰凌满谷之时，冲荡你身心暖融融；有人说，激情好比葛藤，当你向险峰攀登之时，引你拾级而上；也有人说，激情就像金钥匙，当你置身于人生迷宫之时，助你撷取皇冠上的明珠。

雷石东所说的赢的激情，换句话说，就是坚定的信念。怀疑是信念之星的雾霭，在人迷离的时候，遮住了人的双眼；动摇是信念之树的蛀虫，在飓风袭来的时候，折断挺拔的枝干；朝秦暮楚是信念之舟的礁屿，在潮汐起落的时候，阻止了奔向理想彼岸的行程。

信念在人的精神世界里是挑大梁的支柱，没有它，一个人的精神大厦就极有可能会坍塌下来。信念是力量的源泉，是胜利的基石。一个人拥有坚强的信念是最重要的，只要有坚定的信念，强大的力量会自然而生。

"这个世界上，没有人能够使你倒下。如果你自己的信念还站立的话。"这是著名的霸气的人、黑人领袖马丁·路德金的名言。

纵观在事业上有成就的每一个霸气的人，他们都具有坚强的信念。巴甫洛夫曾宣称："如果我坚持什么，就是用炮也不能打倒我。"高尔基指出："只有满怀信念的人，才能在任何地方都把信念沉浸在生活中并实现自己的意志。"事实已经反复证明，自卑，是心灵的自杀。它像一根潮湿的火柴，永远也不能点燃成功的火焰。许多人的失败在于，不是因为他们不能成功，而是因为他们不敢争取。而信念，则是成功的基石。道理很简单：人们只有对他所从事的事业充满了必胜的信念，才会采取相应的行动。如果没有行动，再壮丽的理想也不过是没有曝光的底片，一幅没有彩图的画框而已。

对科学信念的执着追求，促使居里夫人以百折不挠的毅力，从堆积如山的矿物中终于提炼出珍贵的物质——镭。就此，她曾如是说：

"生活对于任何一个男女都非易事，我们必须有坚忍不拔的精神，最要紧的，还是我们自己要有信念。我们必须相信，我们对每一件事情都具有天赋和才能，并且，付出任何代价，都要把这件事完成。当事情结束的时候，你要能够问心无愧地说：'我已经尽我所能了'。"

信念坚贞最可贵，雷击而不动，风袭而不摇，火熔而不化，冰冻而不改。拥有坚定信念的人，生活更加充实，生命更加绚烂。拥有坚定信念的人，是霸气的人。

快乐人生，肆意潇洒

为什么要让自己快乐呢？这是因为人一旦拥有愉悦的情绪，就可以减轻工作的压力，更利于创造出好的成果。霸气的人相信，少一份烦恼，就多一份快乐。正如拿破仑所说："忘却烦恼，学会让自己快乐"。

那么，怎样才能让自己快乐呢？

生活得快乐与否，完全决定于个人对人、事、物的看法如何；因为生活是由思想造成的。

古时候有一位国王，梦见山倒了，水枯了，花也谢了。便叫王后给他解梦。王后说："大势不好。山倒了，指江山要倒；水枯了，指民众离心，君是舟，民是水，水枯了，舟也不能行了；花谢了，指好景不长了。"国王惊出一身冷汗，从此患病，且越来越重。一位大臣要参见国王，国王在病榻上说出了他的心事，哪知大臣一听，大笑说："太好了，山倒了指从此天下太平；水枯了指真龙现身，国王，您是真龙天子；花谢了，花谢见果子呀！"国王全身轻松，很快痊愈。

积极的人对待事物，不看消极的一面，只取积极的一面。如果摔了一跤，把手摔出了血，他会想：多亏没把胳膊摔断；如果遭了车祸，撞折了一条腿，他会想；大难不死必有后福。

霸气的人把每一天都当作新生命的诞生而充满希望，尽管这一天有许多事情麻烦他。弱者喜欢自寻烦恼，将自己装入一个无形的、痛苦的牢笼。

任何自寻烦恼的习惯都是在自己折磨自己。一个人完全没有烦恼是不可能的，关键要看你如何跳出烦恼，享受快乐的心境。

第九章　高调做事，低调做人

唐朝诗人李白有一句耐人寻味的诗，叫"大贤虎变愚不识，当年颇似寻常人"。诗中之"大贤"指的是姜子牙，"虎变"语出《易经·革》之"大人虎变"，意为虎身上花纹的变化，比喻有雄才大略之人行动变化莫测。

像姜子牙这样的大贤，当年也像平常人一样不显山不露水。可见，即使是霸气的人，必要的场合也要有猛虎伏林、蛟龙沉潭那样的伸屈变化之胸怀，让人难预测，而自己则可在此其间从容行事。事成于密，败于疏，做到在众人眼皮底下暗度陈仓，正是霸气的人为人处世的上乘功夫。

长长他人的志气

有道是：休长他人志气，灭自家威风。这话在特定的情景下有一定道理。但在大多数情况下，抬高他人，长长他人的志气，是一种既保护自己又和谐人际关系的小技巧。

英国大文豪萧伯纳赢得了很多人的尊敬和仰慕。据说他从小就很聪明，且言语幽默，但是年轻时的他特别喜欢崭露锋芒，说话也尖酸刻薄，谁要是跟他对一次话，便会有受到一次奚落之感。后来，一位老朋友私下对他说："你现在常常出语幽他人之默，非常风趣可喜，但是大家都觉得，如果你不在场，他们会更快乐。因为他们比不上你，有你在，大家便不再开口了。你的才干确实比他们略胜一筹，但这么一来，朋友将逐渐离开你。这对你又有什么益处呢？"老朋友的这番话使萧伯纳如梦初醒。

有些人虽然思路敏捷，口若悬河，但他并不受欢迎，为什么？因为他的表现狂妄，令人不舒服，因此别人心里对其有一种排斥感。这种人多数都是因为喜欢表现自己，总想让别人知道自己很有能力，处处想显示自己的优越感，从而能获得他人的敬佩和认可。但结果却往往适得其反，反而失掉了在他人心中的威信。

在心理交往的世界里，那些谦让而豁达的人们总能赢得更多的朋友；相反，那些妄自尊大、高看自己小看别人的人总会引起别人的反感，最终在交往中使自己走到孤立无援的地步。吕坤在《呻吟语》中说："气忌盛，心忌满，才忌露。"把心满气盛、卖弄才华视为待人处世的大忌。

在交往中，任何人都希望能得到别人的肯定性评价，都在不自觉地强烈维护着自己的形象和尊严。如果他的谈话对手过分地显示出高人一等的优越感，那么无形之中就是对他自尊和自信的一种挑战与轻视，排斥心理乃至敌意也就不自觉地产生了。

因为当我们的朋友表现得比我们优越时，他们就有了一种重要人物的感觉，但是当我们表现得比他还优越时，他们就会在心里产生自卑感，由羡慕而生嫉妒。

聪明的有钱人，绝不会和别人大谈他优越的生活，他会谈他创业的坎坷，或者谈对方擅长的话题。例如，当他碰上作家时可能会说："真羡慕您，我童年时就梦想成为一个作家，年轻时我怎么努力也没有敲开文学的大门。"

霸气的人身处高位不自傲，身处低位不自卑。处身高位时，尽量拿自己的短处来和他人的长处相比；身处低位时，赞美他人却不至于谄媚。此谓之适度。

大智若愚才是真正的智者

《孟子·尽心章句下》中记载：盆成括做了官，孟子断言他的死期到了。盆成括果然被杀了。孟子的学生问孟子如何知道盆成括必死无疑，孟子说：盆成括这个人有点小聪明，但却不懂得君子的大道。这样，小聪明也就足以伤害他自己了。小聪明不能称为智，充其量只是知道一些小道末技。小道末技可以让人逞一时之能，但最终会祸及自身。《红楼梦》中的王熙凤，机关算尽太聪明，反误了卿卿性命，聪明反被聪明误就是这个意思。只有大智才能使人伸展自如，只有大智才是人生的依凭。

生怕别人不知道自己聪明的人，只能算是精明人。而"古今得祸，精明人十居其九"。为什么精明人的下场如此不堪呢？

太精明的人往往工于心计，善于拨弄自己的小算盘，却不愿推己及人为别人着想。事实上，人与人之间的利益存在着不少交集，交集的部分属于你也可以属于他，你若全部算计着给了自己，谁会那么宽宏大量？这种情况之下，比你更精明的人一定会反过来算计你，令你"算来算去算自己"。和你同等精明的人也不甘示弱，和你斗法，鹿死谁手暂时不谈，把你累得够呛。而不如你精明或不屑于精明的人，他们中了你的算计，但人家也不傻，惹不起你还躲不起你？劳心劳力，遍体鳞伤，众叛亲离——这种下场和你所得到的利益相比，孰重孰轻，不言自明。

其次，太精明的人通常也是一个斤斤计较的人，总是钻进一事一物的纠缠之中，看重"小利"而忽视"大利"，斤斤计较却不知轻重，机关算尽而本末倒置。为了眼前的一块钱，错失将来的100块钱，这难道不是最愚蠢的吗？

再者，太精明的人会过得很累。他们总是处处担心、事事设防、时时警惕、小心翼翼地过日子。别人很随意说的一句话，干的一件事，也许没有什么目的，但过于精明的人就会敏感地"察觉"出什么。等到晚上回到家里，躺在床上也要细细琢磨，生怕别人有什么谋划会使他吃亏。这样，他在处理人际关系上就显得不诚实，不大方，甚至很造作。

时代大政治家吕坤以他丰富的阅历和对历史人生的深刻洞察，写出了《呻吟语》这一千古处世奇书。书中说了一段十分精辟的话："精明也要十分，只需藏在浑厚里作用。古今得祸，精明者十居其九，未有浑厚而得祸者。今人之唯恐精明不至，乃所以为愚也。"

这就是说，聪明是一笔财富，关键在于使用。财富可以使人过得很好，也可以将人毁掉。凡事总有两面，好的和坏的，有利的和不利的。真正聪明的人会使用自己的聪明，那主要是深藏不露，或者不到刀刃上、不到火候时不要轻易使用，一定要貌似浑厚，让人家不眼红你。一味耍小聪明，其实是笨蛋。因为那往往是招灾惹祸的根源。无论是从政，是经商，是做学问，还是治家务农，都不能耍小聪明，给人以精明的形象。

不要有小聪明，要有大智慧。只有大智才是人生的依凭，只有大智才能使人伸展自如。那么究竟要怎样才称得大智？苏东坡在《贺欧阳少师致仕启》中，认为"大智若愚"。而在他提出"大智若愚"观点之前的1500多年前，老子早就有过类似的看法。在《老子》第四十五章中，我们可以看到"大直若屈，大巧若拙，大辩若讷"的表述。

霸气的人，就是那种大智若愚的人。他们看上去憨厚敦和，平易近人，虚怀若谷，不好张扬，甚至有点木讷，有些迟钝，有些迂腐。他们看透而不说透，知根却不亮底，才华在内，混沌在外。

　　难怪古时候的圣人君子一旦背负了聪明的名声，唯恐避之不及。而现在的很多人都喜欢将聪明放在脸上。其实这应该说是一种不明智的表现，真正聪明的人是不会表现出来的。他们形成了一种智慧，这种智慧的前提就在于他们明白人们不会认可聪明人。他们明白一个群体的人就是害怕有人聪明过头。一个群体难免会有一些矛盾，也难免会有些摩擦。当矛盾和摩擦出现的时候，人们最先怀疑的就是那些急于表现的聪明人。似乎群体中只有聪明人是最阴险的，因为他们过于聪明，那些"聪明的意见"就可能制造出矛盾和摩擦。

　　"大智若愚"的霸气的人虽说是大智大勇的人，总是含而不露，绝无虚狂骄傲之气，修养达到了很高的境界。成语"木鸡养到"说的也是这个意思。据《庄子·达生》记载，春秋时期齐王请纪渻子训练斗鸡。养了才十天，齐王催问道："训练成了吗？"纪渻子说："不行，它一看见别的鸡，或听到别的鸡一叫，就跃跃欲试，很不沉着。"又过了十天，齐王又问道："现在该成了吧？"纪渻子说："不成，它心神还相当活动，火气还没有消除。"又过了十天，齐王又问道："怎么样？难道还是不成吗？"纪渻子说："现在差不多了，娇气没有了，心神也安定了；虽有别的鸡叫，它也好像没听到似的，毫无反应，不论遇到什么突然的情况，它都不动不惊，看起来真像只木鸡一样。这样的斗鸡，才算是训练到家了，别的鸡一看见它，准会转身认输，斗都不敢斗。"果然，这只鸡后来每斗必胜。后人称颂涵养高深，态度稳重，大智若愚的人，就用"木鸡养到"来形容。唐代诗人张祜在《送韦正字赴制举》一诗中就曾经写道："木鸡方备德，金马正求贤"，称颂韦正字品德修养和学识高深。

　　没有本事的人，要达到自己的目的，就只能耍小聪明或锋芒毕露，虚张声势。然而，真正的霸气的人是没有虚荣心的。他们不计较一时的得失，不管吃多大的亏都是乐呵呵的，看其外表，恰似愚人一样。

　　智与愚，在现实人生中其深奥处常需久经世事后方能体悟。所谓"树大招风"，"人怕出名猪怕壮"，抛弃其消极态度，这些话的确自有洞察事物的智慧包蕴其中。

做事要量力而行

在秦始皇陵兵马俑博物馆，一尊被称为"镇馆之宝"的跪射俑前总是有许多观赏者驻足，他们为跪射俑的姿态和寓意而感叹。导游介绍说，跪射俑可谓兵马俑中的精华，是中国古代雕塑艺术的杰作。

仔细观察这尊跪射俑：它身穿交领右衽齐膝长衣，外披黑色铠甲，胫着护腿，足穿方口齐头翘尖履。头绾圆形发髻。左腿蹲曲，右膝跪地，右足竖起，足尖抵地。上身微左侧，双目炯炯，凝视左前方。两手在身体右侧一上一下做持弓弩状。据介绍：跪射的姿态古称之为坐姿。坐姿与立姿是弓弩射击的两种基本动作。坐姿射击时重心稳，省力，便于瞄准，同时目标小，是防守或设伏时比较理想的一种射击姿势。秦兵马俑坑至今已经出土清理各种陶俑一千多尊，除跪射俑外，皆有不同程度的损坏，需要人工修复。而这尊跪射俑是保存最完整和唯一一尊未经人工修复的兵马俑，仔细观察，就连衣纹、发线都还清晰可见。

跪射俑何以能保存得如此完整？导游说，这得益于它的低姿态。首先，跪射俑身高只有 1.2 米，而普通立姿兵马俑的身高都在 1.8～1.97 米之间。天塌下来有高个子顶着，兵马俑坑都是地下坑道式土木结构建筑，当棚顶塌陷、土木俱下时，高大的立姿俑首当其冲，而低姿的跪射俑受损害就小一些。其次，跪射俑做蹲跪姿，右膝、右足、左足三个支点呈等腰三角形支撑着上体，重心在下，增强了稳定性，与两足站立的立姿俑相比，更不容易倾倒而破碎。因此，在经历了两千多年的岁月风霜后，它依然能完整地呈现在我们面前。

我们可以想象，即使是在活生生的战场上，跪射也比站立者的生存机会大得多。这个跪射俑身上，我们不妨反思一下自己为人处世的姿态是否过高？是否有勉强出头的冲动？

我们每天忙碌奔走，都希望自己能够有一天出人头地。想出人头地并不是什么错，一个对自己有事业心的人、一个对家人有责任感的人，都有一种出人头地的欲望，只不过有些人隐藏得深一点，有些人隐藏得浅一点。

做人做事，我们要出头，但不可强出头。所谓"强出头"，"强"有两层意思。

第一，"强"是指"勉强"。也就是说，本来自己的能耐不够，却偏偏要勉强去做。当然，我们承认一个人要有挑战困难的决心与毅力，但挑战一定要有尺度。明知山有虎，偏向虎山行，如果没有一定的能耐，何必去送死？如果一定要打虎，先练练功夫才是最明智的选择。失败固然是成功之母，但我们不是为了成功而去追求失败。自不量力的失败，不仅会折损自己的壮志，也会惹来一些嘲笑。

第二，"强"是指"强行"。也就是说，自己虽然有足够的能力，可是客观环境却还未成熟。所谓"客观环境"是指"大势"和"人势"，"大势"是大环境的条件，"人势"是周围人对你支持的程度。"大势"如果不合，以本身的能力强行"出头"，不无成功机会，但会多花很多力气；"人势"若无，想强行"出头"，必会遭到别人的打压排挤，也会伤害到别人。

一般来说，越是有能力的人，越喜欢出头。三国时期，群雄四起。第一个大张旗鼓跳出来的人是袁术。袁术最大的一个失策是不应该率先称帝。在乱世之下，大家都想当皇帝，又都不敢带头，袁术迫不及待地，终于成为了出头椽子。在群雄割据、势力相当的情况下，谁挑这个头，谁就会成为众矢之的。袁绍他们懂得这个道理，因此尽管心里痒痒的，也只好忍住。曹操本来是最有资本称帝的，但他的心里透亮，孙权一度力劝他称帝，他一眼看穿孙权的鬼心眼，说这小子是想把我放在火上烤。袁术却不懂。他以为只要他一抢先，便占了上风，别人也就无可奈何。结果是用血的教训为"出头椽子最先烂"作了一个令人信服的注脚。

其实，在袁术刚起称帝念头时，就有不少人劝他不要去抢这顶独有其名的皇冠，带上容易取下难。与他关系好一点的，沛相陈珪不赞成，下属阎象和张范、张承兄弟不赞成。阎象说："当年周文王'三分天下有其二'，尚且臣服于殷。明公比不上周文王，汉帝也不是殷纣王，怎么可以取而代之？"张承则说："能不能取天下，'在德不在众'。如果众望所归、天下拥戴，便是一介匹夫，也可成就王道霸业。"可惜这些逆耳忠言，袁术全都当成了耳边风。

袁术一宣布称帝，曹操、刘备、吕布、孙策四路人马杀向寿春城，大败袁术。袁术逃往汝南，继续做皇帝。后来，在汝南实在是待不下去了，袁术只得北上投奔庶史袁绍。不想在半路途中被向曹操借兵的刘备击溃。逃离寿春后，在《三国志·袁术传》裴松之注引《吴书》中有这样的文字记载："问厨下，尚有麦屑三十斛。时盛暑，欲得蜜浆，又无蜜。坐棂床上，叹息良久，乃大咤曰：'袁术至于此乎！'因顿伏床下，哎血斗馀而死。"其大意为：（没有了粮食）袁术询问厨子，回答说只有麦麸三十斛。厨子将麦麸做好端来，袁术却怎么也咽不下。其时正当六月，烈日炎炎，酷暑难当。袁术想喝一口蜜浆也不能如愿。袁术独自坐在床上，叹息良久，突然惨叫一声说：我袁术怎么会落到这个地步啊！喊完，倒伏床下，吐血而死。

袁术算不上一个霸气的人，他只是一个外强中干的人。相比袁术而言，明朝的开国皇帝朱元璋就要扎实多了。当他起兵攻打下现在的南京后，采纳了谋士朱升的建议："高筑墙、广积粮、缓称王"。高筑墙是做好预防工作，不让别人来进攻自己；广积粮是做好准备工作，准备好兵、马、钱、粮；缓称王是做好舆论工作，不让自己成为别人攻击的目标。这个九字真经，可以说是朱元璋成就帝业之本。

朱元璋的不出头，实质上也是为了出头。时代在进步，当今的人与人之间虽然没有了古时那么多的钩心斗角，但因"出头"的欲望还是没有改变，"强出头"而导致的被动的局面也屡见不鲜。因此，在出头之前，请你不妨评估一下自己的实力，盘算一下机会，观察一下环境。力不从心莫勉强，时机不成熟莫勉强，环境不利莫勉强。

韬光养晦的妙招

有道是：蛟龙未遇，潜身于鱼虾之间；君子失时，拱手于小人之下。在很多情况下，实力并不与地位和发展成纯粹的正比关系，这时就需要有效地把自己的实力和意图隐蔽起来，等待机会，即韬光养晦。所谓"韬"原意是指剑和弓的外套，韬光养晦是说故意将才华掩盖起来，收敛锋芒，使别人不注意自己。

韬光养晦有时是为了麻痹对手，使他骄傲轻敌，以为自己软弱无能，然后趁其不备而攻杀之；有时是为转移对手的注意力，把他引向东边，而自己却在西边出击。

所以，为了有效地打击对手，首先要有效地隐蔽自己、保护自己，也就是要做出假象来迷惑敌人，让他朝着自己希望的方向去行动。我强时，不急于攻取，须以恭维的言辞和丰厚之礼示弱，使其骄傲，待其暴露缺点、有机可乘时再击破之。

韬光养晦的智谋有几种：委婉和顺但不因循，称作委蛇；隐藏起来不显露，称作廖数；欺骗敌人，使自己不受损失，称作权奇。若不婉顺，那么事情就受阻；若不隐藏，就有危险出现；若不欺骗，就可能被敌人消灭。

北宋丁谓任宰相时期，把持朝政，不许同僚在退朝后单独留下来向皇上奏事。只有王曾非常乖顺，从没有违背他的意图。

一天王曾对丁谓说："我没有儿子，老来感觉孤苦，想要把亲弟弟的一个儿子过继来为我传宗接代。我想当面乞求皇上的恩泽，又不敢在退朝后留下来向皇上启奏。"

丁谓说："就按照你说的那样去办吧！"

王曾趁机单独拜见皇上，迅速提交了一卷文书，同时揭发了丁谓的行为。丁谓刚起身走开几步就非常后悔，但是已经晚了。没过几天，宋仁宗上朝，丁谓就被贬到崖州去了。

王曾能顺服丁谓的要求，而终于实现揭发丁谓的目的，不能不依赖韬光养晦之功。

《阴符经》说："性有巧拙，可以伏藏。"它告诉我们，善于伏藏是事业成功和克敌制胜的关键。一个不懂得伏藏的人，即使能力再强，智商再高，也难战胜敌人。

伏藏的内容又可分为两层：一是"藏巧"，一个人过于显露出自己高于一般人的才智，往往会使自己不利，甚至招来外力的攻击。一是"藏拙"，藏住自己的弱点，不给对方乘虚而入的机会，露出自己的长处，给对方以有力的威慑。

关于"藏巧"，我们已经说了不少了，如"大智若愚""韬光养晦"。现在我们重点谈谈"藏拙"。

《增广贤文》中有句话："害人之心不可有，防人之心不可无。"用现代人的观点来看，恐怕可以这样来理解：人人在其工作、谋生的圈子里都有可能遇到种种"陷阱"，而这些"陷阱"足以挫败人的成功热情。特别是在某些行业，明里拉帮结派、互帮互助，暗地里互相拆台，使绊子的现象此起彼伏。虽然我们未必会去做设"陷阱"的人，但是如果要做赢家，就必须连别人也考虑进去，以防可能会出现的麻烦。

的确，"害人之心不可有"，因为害人会有法律和道德上的问题，而且也会引发对方的报复；如果你本来是"好人"，害了人反而会引起良心上的愧疚，实际上对自己的伤害更大。然而，在社会上光是不害人还不够，还得有防人之心。

《孙子兵法·形篇》中说："善守者，藏于九地之下。"意思是说，善于防守的人，像藏于深不可测的地下一样，使敌人无形可窥。在现实中，正人君子有之，奸佞小人有之；既有坦途，也有暗礁。在复杂的环境下，将自己暴露在壕沟外的人，有时会连开枪者都不知道是谁就倒下了。因此，说话小心些，为人谨慎些，守住自己"命门"的秘密，牢牢地把握人生的主动权，无疑是有益的。况且，一个毫无城府、喋喋不休的人，会显得浅薄俗气，缺乏涵养而不受欢迎。

善用拟态保护

一个伟大的人出生之后，后人总喜欢附会一些"异相"，或天降祥云，或地动山摇，似乎伟人天生就应该与众不同。伟人也好，霸气的人也罢，他们其实并非处处彰显自己的与众不同。他们更懂得入乡随俗，更懂得与周围环境协调。他们只在该显露时显露，在不该显露自己时，他们和平常人看上去没有什么区别。

有这样一件趣事。在美国纽约的一个既脏又乱的候车室里，靠门的座位上坐着一个满脸疲惫的老人，背上的尘土及鞋子上的污泥表明他走了很多的路。列车进站，开始检票了，老人不紧不慢地站起来，准备往检票口走。忽然，候车室外走来一个胖太太，她提着一只很大的箱子，显然也要赶这趟列车，可箱子太重，累得她呼呼直喘。胖太太看到了那个老人，冲他大喊："喂，老头，你给我提一下箱子，我给你小费。"那个老人想都没想，接过箱子就和胖太太朝检票口走去。

他们刚刚检票上车，火车就开动了。胖太太抹了一把汗，庆幸地说："还真多亏你，不然我非误车不可。"说着，她掏出一美元递给那个老人，老人微笑着接过。这时列车长走了过来，对那个老人说："洛克菲勒先生，你好。欢迎你乘坐本次列车。请问我能为你做点什么吗？""谢谢，不用了，我只是刚刚做了一个为期三天的徒步旅行，现在我要回纽约总部。"老人客气地回答。

"什么？洛克菲勒？"胖太太惊叫起来，"上帝，我竟让著名的石油大王洛克菲勒先生给我提箱子，居然还给了他一美元小费，我这是在干什么啊？"她忙向洛克菲勒道歉，并诚惶诚恐地请洛克菲勒把那一美元小费退给她。

"太太，你不用道歉，你根本没有做错什么。"洛克菲勒微笑着说，"这一美元是我挣的，所以我收下了。"说着，洛克菲勒把那一美元郑重地放在口袋里。

洛克菲勒不张扬、不显摆的"平民作风"，是一种极佳的"保护色"。在动物世界里，"拟态"和"保护色"是很重要的生存法宝。"拟态"是指动物或昆虫的形状和周围的环境很相似，让人分辨不出来。例如有一种枯叶蝶，当它停在树枝上时，褐色的身体就像一片枯叶一样，如不细看，根本发现不了它。"保护色"是指动物身体的颜色和周围环境的颜色接近，当它在这个环境里时，它的天敌便不易找到它。比如蚱蜢好吃农作物，它的身体是绿色的，这颜色便是它的保护色。

因为有"拟态"和"保护色"，大自然的各种生物才能代代繁衍，维持起码的生存空间。而一般来说，具有拟态的生物往往兼有保护色，其生存条件较只具保护色的生物要好。

例如初到一个新单位，应尽量入乡随俗，认同这个单位的文化，随着这个单位的脉搏跳动和呼吸。也就是说，遵守这个单位的"规矩"和价值观念。就是说要寻找"保护色"，避免自己成为与周围环境格格不入的另类人物，否则会造成别人对你的排斥和排挤。如果你鹤立鸡群，特立独行，自以为是，那么你在工作中处处受掣肘的感觉就会相伴而生。当你的颜色和周围环境取得协调后，你也就成为这个环境中的一分子而达到"拟态"的效果了。

"拟态"的特色之一是静止不动。有保护色，又静止不动，那么谁都不会注意你，你也就能免遭许多麻烦。因此在社会生活中，你为了避免不必要的灾祸，必须严守"静止不动"的原则，也就是说，不乱发议论，不显露你的企图，不拉帮结派，好让人对你"视而不见"，那么你就可以把危险降到最低程度。

　　值得指出的是：我们所谓的"拟态"保护，并非鼓励你与周围的人同流合污，"拟态"要建立在合乎法律与道德的基础之上。也就是，"拟态"是有原则、有底线的，"拟态"在外，实质在内，这和"大智若愚"的道理有些相似。

抓住时机，一击必中

　　一个人若无能，那就是庸才。所以，人有能并不是一件坏事。对于不少人来说，有能不逞如同"衣锦夜行"，实在心有不甘。然而，能若是用来逞，则易酿成大祸。能力如刀锋之芒，而你就像一个拥有利刃的刀客，若经常抽刀出鞘，即使不伤别人树敌、不害自己受伤，也会导致宝刀变钝。

　　那么，一个人是否就应该将能力深藏呢？——否也。利刃最大的价值是出鞘，能力的锋芒若永久深藏，与没有能力的庸才又有什么差别？

　　因此，我们说：能力要露，但不能"逞"。在适当的时候与场合显露出自己的能力，让周围的人看到意气风发的你、能力超卓的你，你会赢得来自周围的信任与信服，并拥有更多发展的机会。特别是身处在这个高效率、快节奏、强竞争的社会，你默默无闻，很快就会被贴上庸才的标签而得不到重用。至于什么"三年不鸣，一鸣惊人"，那是过去式了；你三年不鸣，单位如果没有把你"炒鱿鱼"，就是把你放在一个平庸低级的岗位——在一个狭窄的舞台，你如何演出一场一鸣惊人的大戏？

　　新时代的人，大都有些知识与才能，也知道努力推销自己、表现自己，以博得个好价钱。他们的缺点一般不是"锋芒不露"，而是"锋芒毕露"式的逞能。我们经常看到一些人，有十分的才能，就要十二分地表现出来。生怕别人不知道，还要十三分地说出来。他们往往有着充沛的精力，很高的热情以及一定的能力。他们说起话来咄咄逼人，做起事来不留余地。

　　一个热衷于逞能的人，即使是碰上自己没有把握的事情，也容易因为过高地估计自己的能力、或顾忌面子问题而霸王硬上弓。其结果不用多说，十有八九是把事情搞砸。若是帮自己做事，事情搞砸了的苦酒由自己品尝；若是替人打工，同事们不仅不会在你危难时候伸出援手，甚至有可能落井下石——因为你的逞能导致你的人际关系不可能和谐。木秀于林，风必摧之；堆出于岸，流必湍之；行高于人，众必非之。热衷于逞能的人终究是成不了气候的。

能力当然要露，因为能力存在的意义就在于露；但一定要"露"在适当的时机，"露"得其所。

霸气的人在等待显露能力的时机时，尤其有耐心。耐心是霸气的人克敌制胜的有效武器之一。在政治斗争中，需要耐心地等待时机，在激烈的商战中，同样需要耐心地等待时机。而一旦时机成熟，就必须毫不迟疑地发展自己，把对手挤垮。

历代奸相中，大概没有谁比严嵩的影响"更大"了。在他当政二十多年里，"无他才略，唯一意媚上窃权罔利"，"帝以刚，嵩以柔；帝以骄，嵩以谨；帝以英察，嵩以朴诚；帝以独断，嵩以孤立。"与昏庸的嘉靖帝"竟能鱼水"。

严嵩之所以当政长达二十余年，与嘉靖帝的昏庸有着十分密切的关系。世宗即位时年仅 15 岁，是一个乳臭未干的孩子。加之不学无术，在位 45 年，竟有二十多年住在西苑，从来不回宫处理朝政。正因为如此，才使得奸臣有机可乘。事实上，在任何一个国家的任何朝代，昏君之下必有奸臣，这已成了一条规律。

虽然严嵩入阁时已年过 60，老朽糊涂。但其子严世蕃却奸猾机灵。他晓畅时务，精通国典，颇能迎合皇帝。故当时有"大丞相、小丞相"之说。在严嵩当政的二十多年里，朝中官员升迁贬谪，全凭贿赂多寡。所以很多忠臣都被严嵩父子加害致死。

为了反对严嵩弊政，不少忠臣为此进行了前仆后继、不屈不挠的斗争，也有不少人因此献出了生命。在对严嵩的斗争中，徐阶起到了决定性的作用。

徐阶在起初始终深藏不露，处理朝政既光明正大又善事权术。应该说，在官场角逐中既能韬光养晦，又会出奇制胜，是一位弹性很强的有谋略的政治家。他的圆滑被刚直的海瑞批评为"甘草国老"。虽然他"调事随和"，但仍与严嵩积怨日深。在形势对徐阶尚不利时，徐阶一方面对皇帝更加恭谨，"以冀上怜而宽之"；另一方面，对严嵩"阳柔附之，而阴倾之"，虽内藏仇恨，表面上却做出与严嵩"同心"之姿态。为了打消严嵩的猜忌，徐阶甚至不惜以其长子之女婚许于严世蕃之子。

时机终于来了。嘉靖四十年十一月二十五日夜，嘉靖皇帝居住近二十年的西苑永寿宫付之一炬。大火过后，皇帝暂住潮湿的玉熙殿。工部尚书雷礼提出永寿宫"王气攸钟"，宜及时修复；而众公卿却主张迁回大内，这样既省钱又可恢复朝政。皇帝问严嵩的意见。严嵩提出皇帝应暂住南宫——这是明英宗被蒙古瓦剌部也先俘虏放回后景帝将其软禁的地方。嘉靖当然不愿意住在这样一个"不吉利"的地方。严嵩的这个建议铸成了导致他失宠于嘉靖皇帝并最终垮台的大错。

徐阶觉得这样一个千载难逢的好机会，当然不会轻易放过。所以他表现出十分忠诚的样子，提出尽快修复永寿宫，并拿出了具体规划。次年3月，工程如期竣工，皇帝喜不自禁，从此将宠爱转移到徐阶身上。

为达到置严嵩于死地的目的，徐阶还利用皇帝信奉道教的特点，设法表明罢黜严嵩是神仙玉帝的旨意。他把来自山东的道士蓝道行推荐入西苑，为皇帝预告吉凶祸福。不久，便借助伪造的乩语，使严嵩被罢官，严世番被斩。

霸气的人就是这样，不出手则已，一出手则快、准、狠。就像我们在本章前所说的鹰立如睡，虎行似病，而一旦行动起来，有雷霆万钧之势，不达目的誓不罢休。

第十章　胜人有力，自胜者强

老子在《道德经》有云："知人者智，自知者明；胜人者有力，自胜者强。"意思是：了解别人是智慧，了解自己是圣明；战胜别人是有力量，战胜自己才是强大。一个能够战胜自我的人，没有什么不能战胜的。只有"自胜者"才是真正的霸气的人。

霸气的人所面临的最大敌人不是命运，不是他人，而是自己本身。在成为霸气的人的路上，倒下了不少聪明绝顶的人、能力超群的人，他们最后没有成为霸气的人，只源于他们不能战胜自己内心的欲念。

淡泊名利，享受生活

谁都不想做默默无闻的星辰去陪衬别人，都想成为醒目、耀眼的太阳和众星相拜的明月。所以，人们都奔走在求取功名的路上，有的人为了功名甚至不择手段，为了图一个虚名而走入歧途。

唐朝著名诗人宋之问有个外甥叫刘希夷，很有才华，是个年轻有为的诗人。一日，刘希夷写了一首诗，诗名叫《代悲白头翁》，到宋之问家中请宋指点。当刘希夷读到："古人无复洛阳东，今人还对落花风。年年岁岁花相似，岁岁年年人不同"时，宋之问情不自禁连连称好，忙问此诗可曾给他人看过，刘希夷告诉他刚刚写完，还没有给别人看。宋之问觉得诗中"年年岁岁花相似，岁岁年年人不同"这两句写得非常好，可以凭这两句而声震文坛，名垂青史，便要求刘希夷把这两句诗让给他。刘希夷说那两句话是他诗中的诗眼，如果去掉了，那整首诗就索然无味了，因此没有答应舅舅的要求。

晚上，宋之问睡不着觉，翻来覆去只是念这两句诗。心中暗想，此诗一面世，便是千古绝唱，名扬天下，一定要想法据为己有。于是起了歹意，居然命家仆将亲外甥刘希夷活活害死。这真是一起荒唐的杀人案，可见浮名过重之人心理是何等扭曲！

君子好名，小人贪利。客观地说，求名并非坏事。一个人有名誉感就有了进取的动力；有名誉感的人同时也有羞耻感，不想玷污了自己的名声。但是，什么事都不能过度，一旦超过了"度"，又不能一时获取，求名之心太切，有时就容易产生邪念，走歪门邪道。结果名誉没求来，反倒臭名远扬，又是何苦呢？

　　古今中外，为求虚名不择手段，最终身败名裂的例子很多，确实发人深思。有的人已小有名声，但还想名声大振，于是邪念膨胀，做了不该做的事情，使原有的名气也遭人怀疑，多么可悲啊！

　　在中世纪的意大利，有一个叫塔尔达利亚的数学家，在国内的数学擂台赛上享有"不可战胜者"的盛誉，他经过自己的苦心钻研，找到了三次方程式的新解法。这时，有个叫卡尔丹诺的人找到了他，声称自己有上万项发明，只有三次方程式对他是不解之谜，并为此而痛苦不堪。

　　善良的塔尔达利亚被哄骗了，把自己的新发现毫无保留地告诉了他。谁知，几天后，卡尔丹诺以自己的名义发表了一篇论文，阐述了三次方程式的新解法，将成果攫为己有。他的做法在相当一个时期里欺瞒了人们，但真相终究还是大白于天下了。现在，卡尔丹诺的名字在数学史上已经成了科学骗子的代名词。

　　宋之问、卡尔丹诺等也并非无能之辈，他们在各自的领域里都是很有建树的人。就宋之间来说，即使不夺刘希夷之诗，也已然名扬天下了。糟糕的是，人心不足，欲无止境！俗话说钱迷心窍，岂不知名也能迷住心窍。一旦被迷，就会使原来还有些才华的"聪明人"变得糊里糊涂，使原来还很清高的文化人变得既不"清"也不"高"，以致弄巧成拙，美名变成恶名。

　　其实求名并无过错，关键是不要死盯住不放，盯花了眼。那样，必然要走向沽名钓誉、欺世盗名之路。

　　人对名声的追求，如果超出了限度，超出了理智时，常常会迷失自我，不是你想干什么就干什么，而是名声要你干什么你就得干什么。

　　20世纪初，法国巴黎举行过一次十分有趣的小提琴演奏会，这个滑稽可笑的演奏会，是对追求名声的人的莫大讽刺。

巴黎有一个水平不高的小提琴演奏家准备开独奏音乐会，为了出名，他想了一个主意，请乔治·艾涅斯库为他伴奏。

乔治·艾涅斯库是罗马尼亚著名作曲、小提琴家、指挥家、钢琴家——被人们誉为"音乐大师"。大师经不住他的哀求，终于答应了他的要求。并且还请了一位著名钢琴家临时帮忙在台上翻谱。小提琴演奏会如期在音乐厅举行了。

可是，第二天巴黎有家报纸用了地道的法兰西式的俏皮口气写道："昨天晚上进行了一场十分有趣的音乐会，那个应该拉小提琴的人不知道为什么在弹钢琴；那个应该弹钢琴的人却在翻谱子；那个顶多只能翻谱子的人，却在拉小提琴！"

这个真实的故事告诉世人，一味追求名声的人，想让人家看到他的长处，结果人家却偏偏看到了他的短处。

德国生命哲学的先驱者叔本华说："凡是为野心所驱使，不顾自身的兴趣与快乐而拼命苦干的人，多半不会留下不朽的遗作。反而是那些追求真理与美善，避开邪念，公然向恶势力挑战并且蔑视它的人，往往得以千古留名。"

1903年美国发明家莱特兄弟发明了飞机，并首次飞行试验成功后，名扬全球。一次，有一位记者好不容易找到兄弟俩人，要给他们拍照，弟弟奥维尔·莱特谢绝了记者的请求，他说："为什么要让那么多的人知道我俩的相貌呢？"

当记者要求哥哥威尔伯·莱特发表讲话时，威尔伯回答道："先生，你可知道，鹦鹉叫得呱呱响，但是它却不能翱翔于蓝天。"就这样，兄弟俩视荣誉如粪土，不写自传，从不接待新闻记者，更不喜欢抛头露面显示自己。有一次，奥维尔从口袋里取手帕时，带出来一条红丝带，姐姐见了问他是什么东西，他毫不在意地说："哦，我忘记告诉你了，这是法国政府今天下午发给我的荣誉奖章。"

居里夫人是发现镭元素的著名科学家，为人类做出了卓越的贡献，她又是怎样对待名声和荣誉的呢？

一天，居里夫人的一个女友来她家做客，忽然看见她的小女儿正在玩英国皇家学会刚刚奖给她的一枚金质奖章，便大吃一惊，忙问："玛丽亚，能够得到一枚英国皇家学会的奖章，这是极高的荣誉，你怎么能给孩子玩呢？"居里夫人笑了笑说："我是想让孩子从小就知道，荣誉就像玩具，只能玩玩而已，绝不能永远守着它，否则就将一事无成。"

谚语云："名声躲避追求的人，却去追求躲避它的人。"这是为什么？著名哲学家叔本华回答得很好，"这只因前者过分顺应世俗，而后者能够大胆反抗的缘故。"

就名声本身而言，有好名声，也有坏名声，还有不好不坏的名声。每个人都喜欢好名声，鄙视坏名声，这是人之常情。有人称名声为人生的第二生命，有人认为名声的丧失，有如生命的死亡。名声是一个人追求理想，完善自我的努力过程，但不是人生的目标。一个人如果把追求名声作为自己的人生目标，处处卖弄自己，显示自己，就会超出限度和理智，并无形中降低了自己的人格。

"立身莫为浮名累，凡事当作本色真。"这是已故的国学、书画大师启功曾写过的一副对联。一般来说，有霸气的人之志、有霸气的人之能的人，内心深处的名誉感要比平常人强烈一些。如何战胜自己内心蛰伏的名誉感，不让其过度膨胀，是每一个有志成为霸气的人的人所应时时警醒的。

死要面子只会活受罪

不管是多名贵的树种，都必须埋进土里，忍受地下的苦闷、黑暗，才能享受阳光，生根发芽，长成参天大树。人也是一样，只有忍住内心浮躁的欲望，静下心来埋头苦干，才能有所作为，最后出人头地。

西汉开国功臣韩信，早年因为贫穷一直过着食不果腹的日子，一日他在街上晃荡，淮阴屠户中有个年轻人侮辱韩信说："尽管你长得很高大，身上也一直佩着刀剑，但是依我看，你根本就是个胆小鬼。"韩信没有回答他，他又当众侮辱韩信说，"你要是真的不怕死，就拿你的剑刺我；你要是怕死，就从我的胯下爬过去。"于是韩信上下左右认真地打量了他一番，然后弯下身子，趴在地上，真的从他的胯下爬了过去。满街的人都笑话韩信，认为他胆小。

故事很简单，但是真正读懂其中内涵的人却很少，甚至有许多人不理解韩信的做法，简直太没面子了，但是如果韩信要面子会是什么结果呢？屠夫明显强于韩信，那这样的结果就只能是再也不会有后来的大将军韩信了。韩信心胸宽广，懂得要想抬头得先低头，所以终成一番大事业。

"直木遭伐，水满则溢"，低头是一种做人的智慧，学会低头，可以让别人更容易地接受自己。与人相处，所谓"低"，就是可以控制自己，在不该出头的时候可以忍住。做人做事，如果不能学会在关键的时候低头，是很容易被现实打败的。

一个人如果心里装不下事，什么事都忍不住都想强出头，是不会有什么好结果的。这样不但事情会被搞砸，还会给人留下性情浮躁、靠不住的印象。就像一粒种子，要想长成大树，就必须先被埋在土里，忍受黑暗。人也是一样，想成功，必须先忍住内心的浮躁，沉得住气。

"很有面子"的人貌似霸气的人，他们被大众所喜欢、尊敬、信任、羡慕，成为结交朋友、吸引他人的一种资源，成为满足人们的自尊需要、交际需要的重要手段；可以获得他人的赞扬、羡慕、敬重等，以此满足自己的荣誉感，满足自己的虚荣心理；可以说话有人听，行为有人仿，他们拥有对他人更大的影响力和感染力，可充分满足自己对权的需要、对他人的支配欲望；可以给自己更大的信心、尊严，因而成为自己进一步行动的重要驱动力……由于这些因素的综合作用，就会促使一些人不顾一切地去"讲面子""爱面子"，可以说它几乎成了一些人们的一种"本能"，一种比较"原始"的心理需求及其行为的"原动力"。

要"面子"在一定程度上可以理解为要脸。人要脸，树要皮。但要脸也应该注意一个限度，不要因为自尊心的过强而演变成"死要面子"。

那么，究竟是哪些类型的人会过分地去追逐"面子"呢？甚至达到"死要面子活受罪"的程度呢？

绝不因为挫折而放弃行动

如今的青少年们，在享受着优越条件的同时，也承受着不同寻常的压力。父母的期望、无形的压力经常压得青少年喘不过气来。

青少年中所谓挫折，就是指日常生活中的挫败、失意，在心理学上是指个体在从事有目的活动中遇到的障碍、干扰，致使个人目标不能实现，个人需要不能满足而引发的一种消极的心理状态，挫折感是一种普遍存在的心理现象，青少年无论在生活上还是学习上都会遇到许多不同的挫折。面对失败，面对挫折，面对黑暗，相信只要心中充满阳光，就能走出一条光明的道路来。因为，面对失败与障碍，光明是不怕一次又一次挫折的。

现实不因为逃避就不存在了

春天是生气勃勃、万物复苏的季节，美丽的春天就像我们的青春一样，春天美丽的景色就像我们如花似玉般的花样年华一样，春天的短暂就像青春时节的短暂。俗话说得好："一日之计在于晨，一年之计在于春。"我们正处在朝气蓬勃的青春时节，我们应为以后的美好生活而努力学习，去实现自己的理想。当春天的小草被我们踩了一次又一次，它们是多么坚强，总是不向命运低头，一次次地将被我们踩弯了的身子挺直。我们学习不也应该是这样吗？不怕失败，勇敢地面对挫折。这一次考试失败了，怕什么，再来，回去好好复习，不会的多问同学和老师，找出失败的原因总结经验，再考过，百折不挠，坚持不懈，总有一次会成功的。如果只想逃避这些，下次考试照样是失败。所以，青少年要学着去面对这些人生挫折，然而找出原因，解决它。

勇敢地面对挫折，挫而不败，坚持不懈地去努力，去孕育理想，为理想而奋斗，只要不相信自己会比别人差，就没有人会把我们打败，那个打败自己的人只有自己。

一位女作家在纽约街头遇到一位卖花的老太太。她看上去穿着破旧，身子也很虚弱，但脸上却满是喜悦。女作家很好奇挑了一朵花，说："您看上去很高兴，有什么很高兴的事吗？""没有，但为什么不呢？一切都这么美好。""您很能承担烦恼，忍耐困难。"女作家又说。老太太的回答更令人吃惊："当我遇到不幸时，就会等待三天，一切就恢复正常了。"一位如此平凡的卖花老人，却拥有一颗多么不平凡的不怕挫折的心。她用一双积极向上的眼睛面对生活给她带来的苦难。曾经听过这样一句比喻："每个人的心都像一个水晶球一样，晶莹剔透，若遭遇不测，忠于生命的人，总是将五颜六色折射到自己生命中的每一个角落。"事实也确实如此，当遭遇到挫折时，当陷入苦难无法自拔时，不要灰心，不要绝望，无论已经失去了什么，你仍然拥有你最珍贵的东西，那就是生命。请站在镜子前露出微笑，因为当你微笑的时候，世界上的一切也在对你微笑，快乐就会重新出现，苦难就会过去。时间终究会冲淡一切痛苦，一切伤痛，一切不如意都会成为过去。

我们每个人的成长过程都是既曲折又坎坷的，总是伴随着辛酸与泪水。而挫折好比一块锋利的磨刀石，我们只有经历了它的磨炼，才能闪耀出夺目的光芒。"不经历风雨，怎能见彩虹？"经历了挫折的成长更有意义，有时候挫折是一笔财富，多少次艰辛的求索，多少次含泪的跌倒与爬起，都如同花开花谢一般，是我们人生道路上一道靓丽的风景。成长的过程好比沿着沙滩行走，一排排弯弯曲曲的脚印，记录着我们成长的足迹，只有经受了挫折，我们的双脚才会更加有力。古人云："故天将降大任于斯人也，必先苦其心志，劳其筋骨，饿其体肤，空乏其身，行拂乱其所为"就是这个道理。

以积极的态度面对挫折

丘吉尔一生最精彩的演讲，是他最后一次演讲。

在剑桥大学的一次毕业典礼上，整个会堂有上万名学生，他们正在等候丘吉尔的出现。正在这时，丘吉尔在随从的陪同下走进了会场，并慢慢地走向讲台，他脱下大衣交给随从，然后又摘下帽子，默默地注视着所有的听众，一分钟后，丘吉尔说了一句话："Never give up！"（永不放弃）说完后他穿上大衣，戴上帽子，离开了会场。这时整个会场鸦雀无声，一分钟后，掌声雷动。

永不放弃！永不放弃有两个原则，第一个原则是：永不放弃。第二个原则是：当你想放弃时，请回头看第一个原则！

有时候，成功者与失败者的区别就在于：失败者走了九十九步，而成功者坚持走完了第一百步。失败者跌倒的次数比成功者多一次，成功者站起来的次数比失败者多一次。当你走到第一千步时，有可能还是失败，但成功却往往躲在拐角的后面，这时你拐个弯，就有可能会成功。

在现实生活中，往往有许多人对失败这个结论下得太早，遇到一点点挫折就对自己产生怀疑，就偃旗息鼓，不再做第二次、第三次的尝试，结果导致半途而废。面对困难一定要有一种屡败屡战的战斗精神，因为阳光总在风雨后，经得起风雨，你就可能是最后的胜利者。认定你前面既定的目标，告诉自己"永不放弃"，你就会成为最终的赢家！

实际上，每个人的人生之路都是有坎坷的，主要取决于你如何面对，古今中外，任何一个人在成长的道路上，都会遇到这样那样的困难和挫折，挫折感是普遍存在的一种心理现象。英国哲学家培根说过："超越自然的奇迹多是在对逆境的征服中出现的。"那么作为青少年应该如何面对挫折呢？

1. 要明确挫折是任何人都不能避免的，它具有普遍性、客观性。当设立的目标与实际产生差异时；当尽了最大努力还不能完成看来似乎不太高的目标时；当观念与社会相抵触时；当认为合理的要求不能满足时；当升学考试落榜的现实降临时等。都会感觉有一种挫败感。其实，只要摆正心态，这些都不能使我们停下前进的脚步。很多成功人士顽强地战胜了自己的消沉和迷茫，通过自己的努力，最终坚定地走向成功。

2. 当面对挫折时，要善于进行心理调节，保持良好的心态，摆脱挫折感。法国著名作家罗曼·罗兰说："人生是一场无休止的激烈搏斗。要做一个真正的人，就得随时准备面对无形的敌人，面对存在于自己身上能致你死地的那股力量，面对那乱人心智引你走向堕落和毁灭的糊涂念头……"所以，当挫折来临时，正确地面对挫折，不要因为挫折而放弃自己的行动。否则，我们所做的努力就全都白费了。

作为新一代的青少年，我们是祖国的未来，要努力学习，相信没有过不去的河，勇敢地面对挫折，绝不因为一点小小的挫折而放弃自己的行动，那样我们就显得太懦弱了。

慎独是一种修养

　　所谓慎独，是指一个人在单独活动、无人监督的情况下，仍然能够坚持正确的人格信念，自觉按正确的道德原则去行动，不做任何坏事。某杂志上登过这样一篇短文，说有一个老木匠，总是用带着老茧的手掌把木箱里边也打磨得光光溜溜，从不偷工。徒弟笑他："别人看不见，何必这么傻费力。"师傅说："我自己心里知道。"是的，即使没有人在身边监督，也要认认真真对待每一件事，因为"我自己心里知道"。

　　《中庸》说："莫见乎隐，莫显乎微，故君子慎其独也。"《大学》则强调："君子必慎其独也。"古语说："不自重者取辱，不自畏者招祸，不自满者受益，不自是者博闻。"它们讲的都是一个"独行不愧影，独寝不愧衾"的慎独问题。

　　慎独，就是强调不管有无人知，都要一丝不苟地按照道德规范做人做事，绝不因"不为人知"而干不该干之事，也不因"以为人知"而做表面文章。

　　心理学研究认为，人格形成一般取决于三个因素：一是遗传，二是环境，三是自我的实践活动。自我的实践活动是第一位的，正所谓"外因是变化的条件，内因是变化的根据"。人们处于监督之下往往能够做到循规蹈矩，但在没有监督的时候，则容易放松自己的行为。

　　注重慎独意味着要自重、自省、自警、自励。自重，就是尊重国格、人格，珍惜名誉，注意言行，切实把公共权力用来为公众服务，而不用来谋私；自省，就是要时常反思自己的行为，检点自己的作风；自警，就是经常警示和告诫自己，使自己的道德行为始终不渝道德规范；自励，就是要时常激励自己，培养浩然正气，抵御歪风邪气。否则，如果明一套，暗一套，说一套，做一套，以权谋私，那下场将会是可悲的。

"慎独"是《四书》中《大学》《中庸》里面的说法。古时候的读书人，从小熟读《四书》《五经》，所以，这一"理论"是无人不知的，但光知道理论，不加实践，不过是梦中吃饭而已，无补于实际。曾国藩的高明，不在于他创造了一套什么新说，而是对这一古老真理做了一辈子的实践，既使自己大受其益，又使家庭大受其益，更使社会大受其益。他在逝世前的一年零一个月，即同治九年十一月初二、初三日，总结自己一生的处世经验，写了著名的"日课四条"，即：慎独、主敬、求仁、习劳。这四条，慎独是根本，是"体"；其他三条是枝叶，是"用"。我们在下面着重讲一讲他是如何慎独的。

慎独是一种情操，慎独是一种修养，慎独是一种自律，慎独是一种坦荡，也是一种自我的挑战与监督。柳下惠坐怀不乱，曾参守节辞赐，萧何慎独成大事。东汉杨震的"四知"箴言，"天知、地知、你知、我知"慎独拒礼；三国时刘备的"勿以恶小而为之，勿以善小而不为"。范仲淹食粥心安，宋人袁采"处世当无愧于心"，李幼廉不为美色金钱所动。元代许衡不食无主之梨，"梨虽无主，我心有主"；清代林则徐的"海纳百川，有容乃大；壁立千仞，无欲则刚"，叶存仁"不畏人知，畏己知"，曾国藩的"日课四条"：慎独、主敬、求仁、习劳，其所谓慎独则心泰，主敬则身强。以上种种，无一不是慎独自律、道德完善的体现。

"吾日三省吾身"，即是慎独的功夫。三省其身，即面对自己，澄清自己的内部生命，纯粹是为己之学。鲁迅曾说："我的确时时解剖别人，然而更多的和更无情的是解剖我自己"。曾国藩认为，践行慎独先要"降服自心"，也就是征服自己，也就是

《大学》里所说的"正心""诚意",用功的方法就是"慎独"。曾国藩四条日课中的第一条这样写道：

"一曰，慎独则心安。自修之道，莫难于养心，心既知有善知有恶，而不能实用其力，以为善去恶，则谓之自欺。方寸之自欺与否，盖他人所不及知，而己独知之。故《大学》之'诚意'章，两言慎独。果能好善如好好色，恶恶如恶恶臭，力去人欲，以存天理，则《大学》之所谓'自慊'，《中庸》之所谓'戒慎恐惧'，皆能切实行之，即曾子之所谓自反而缩，孟子之所谓仰不愧、俯不作，所谓养心莫善于寡欲，皆不外乎是。故能慎独，则内省不疚，可以对天地质鬼神，断无行有不慊于心则馁之时。人无一内疚之事，则天君泰然，此心常快足宽平，是人生第一自强之道，第一寻乐之方，守身之先务也。"

"他人所不及知，而己独知之"的心念，是最难控制的。所以，内省就成了第一步的功夫，善念也罢，恶念也罢，首先要能够省察清楚；然后才谈得上第二步的功夫："实用其力，以为善去恶。"而要清楚地察知自己的每一个念头，"心静"又是前提。一个人若是天性恬静，自知极明，则没有话说；若这一方面的禀赋有所不足，则不得不借助于静坐等手段，以牢锁心猿，紧拴意马。

慎独虽然是古人提出来的，但并没有因时代的更迭变迁而失去现实意义，是因为它是悬挂在他心头的警钟，是阻止你陷进深渊的一道屏障，是提升你自身修养走向完美的一座殿堂。

自负不等于霸气

有点本事的人，最容易盲目相信自己，陷入自负的沼泽。这些人大抵干出过一些瞩目的成绩，也有自负的"本钱"——他的辉煌证明了自己的能力。

谁都不希望自己有"自负"这个毛病，谁都不希望他人指责自己有这个毛病。这个词也比较"特殊"，普通人还够不太着，一般都是用在"有头有脸有身份的人"身上，都用在那些对某一领域或某一方面比较精通的权威人士身上。越是有权势的人，若是犯了这个毛病，麻烦就越大。为它，本来可以成功的事会搞得一团糟；为它，原本是很有威望的人会身败名裂；为它，甚至会导致祸国殃民的可怕后果。

凡自负的人都非常傲气十足，都认为自己是穷尽了真理的人。应该说没有一点"资格""本领"，是不能拥有自负这个"称号"的。这类人有一定的能力，在自己的工作、事业上还做出过一定的成绩，因而自信到了极点，自大自傲，自我感觉一直良好，甚至达到了自我陶醉，不可一世的地步。有的自负的人还是典型的自我崇拜狂，看人是"一览众山小"，自己什么都是对的，别人统统都是错的，这类人个性孤傲，对人冷若冰霜。

凡自负的人都是顽固、守旧、偏执的。对于某种理念过于专注，认准了的事就坚持到底，死不回头，一个劲儿地认为自己是在坚持原则，坚持真理。实际上，他们认的却是死理儿，却是过了时的老教条，或是不符合国情、实情的洋框框，一点灵活性都没有。这类人面对世界的发展进步，觉得是不可思议或是在瞎胡搞；自己的想法明明是与时代潮流相违背，却反过来认为是时代在倒退，是一代不如一代。这类人对新事物、新人物、新现象、新趋势一百个看不惯，视为洪水猛兽。

凡自负的人都是极其爱面子的人。这类人自尊心强极了，一点都冒犯不得，谁若是当面顶撞了他，尤其是在大庭广众之中顶撞了他，他就会火冒三丈，认为这是故意和他过不去，故意让他下不了台，是在故意寻衅，从此他就会铭记在心上。这个"伤口"很难愈合，往往是一辈子都难以忘掉，以后一有机会就会对"发难者"进行打击报复，以报这个"宿怨"。若"发难者"是在他手下工作的，就会因此而失去信任，也会很随便地找个"理由"就给他穿小鞋，这个人便很难再会有"发迹"的机会。

凡自负的人都是从来不认错的人，这类人对自己的眼光和能力从来都不怀疑，有时明明是自己错了，却就是不承认；明明是将事情搞得很糟，但就是不认账；明明是自己的指导思想出了问题，却偏偏说是别人将他的思想理解错了……总之，黑的说成是白的，错误变成了真理，成绩永远是自己的，错误永远是他人的。即便是有错，也是"一个指头和九个指头"的关系，是"七分成绩和三分缺点"，因而经常是倒打一耙，反诬批评者不怀好心。不仅如此，为了杜绝批评者的反对声音，利用权势大整特整那些批评者。鉴于自负者的不肯悔改又不听他人的劝告，往往是在错误的路上越走越远，其结果就会与自己原来美好的奋斗目标南辕北辙，背道而驰，越走越远。

凡自负的人都是好大喜功的人。这类人喜欢自我肯定、自我表彰，做了一点点有益的事就沾沾自喜，到处表功，唯恐他人不知道。这类人也只喜欢听好话，听吹捧的话，听不进不同的意见，更不喜欢听反对的话，因而在他的周围聚集着一帮献媚于他的小人，这些小人会投其所好，在他的面前搬弄是非，结果这类有权势的自负者离"忠良"就会越来越远。

自负是一种非常可怕的坏毛病。如果硬汉型不设法改正这个坏毛病，其恶劣的人际关系将愈演愈烈。那么，怎么纠正或消除自负者这一坏毛病呢？

一是虚荣心不要太强，应虚心地听取别人的意见。心太满，就什么东西都装不进来；心不满，才能有足够装填的空间。古人说得好："满招损，谦受益。"做人应该虚怀若谷，让胸怀像山谷那样空阔深广，这样就能吸收无尽的知识，容纳各种有益的意见，从而使自己丰富起来。

二是不要轻易否定别人的意见。要理解别人，体贴别人，这样就能少一分盲目。要善于发现别人见解的独到性，只有这样才能多角度、多方位、多层次地观察问题，这是一个现代人必须具备的素质。无论如何，不能一听到不同意见就勃然大怒，更不能利用权势将他人的意见压下去、顶回去。这样做是缺乏理智的表现，是无能的反映，只能是有百害而无一益。

三是要有平等、民主的精神，而这种精神形成的前提条件是有一种宽容的心态。只有互相宽容，才能做到彼此之间的平等和民主。学会宽容，就必须学会尊重别人。人们一般容易做到尊重领导，但要尊重比自己"低得多"的人，尊重普通人，尊重被自己领导的人，却很难很难。什么叫尊重？就是认真地听，认真地分析，对的要吸收，要在行动上改正，即便是不对的，也要耐心听，耐心地解释，做到不小气、不狭隘、不尖刻、不势利、不嫉妒，从而将自己推到一个新的、更高的思想境界。

四是要树立正确的思想方法。一个人为什么会自负？重要原因之一就在于他的思想方法成了问题，经常明明是一己之见却还要沾沾自喜，经常是一叶障目，还要自得其乐。这类人不懂天外有天，不懂世界的广阔，因而夜郎自大，所以必须在思想方法上来一个脱胎换骨。

五是要多做调查研究。自负者的最大毛病就是自以为是，就是想当然，认为自己在书房理想的一切都是千真万确的，明明是脱离实践的，却还要坚持下去。为什么？就是因为他们的性格缺陷，过于相信自己，而且实践知识太少。所以建议这类人要多进行实地调查研究，看一看实践是怎么回事，这样就很容易避免自负的产生。

总之，只有当本领高强的人克服了自己性格上的这些毛病之后，他们才能走得更远，成就更大。